职业教育改革与创新系列教材

数控加工技术综合实训

主　编　杜　俊　宋殿琛　郁晓霞
副主编　张桂霞　刘国柱
参　编　李　辰　孙吉义　张利明　陈启渊

机械工业出版社

本书以"项目引领、任务驱动"的方式组织教学内容，贯彻"工作过程导向"的课程设计思路，坚持理实一体化原则。本书按照数控车工、铣工国家职业标准的要求，选取与企业生产实际非常接近的典型零件作为项目载体，由浅入深、循序渐进地设计了五个数控车削加工项目、四个数控铣削加工项目、一个数控车铣复合加工项目，每个项目都是一个完整的实际工作过程，注重学生基本职业技能与职业素养的培养，将岗位素质教育和技能培养有机结合，充分体现职业教育特色。

本书可作为职业院校机械类相关专业的教材，也可作为技能鉴定培训用书，还可供相关工程技术人员参考。

为便于教学，本书配套有教学课件、视频等资源，选用本书作为教材的教师可登录机械工业出版社教育服务网（www.cmpedu.com）注册并免费下载，联系电话：010-88379375。

图书在版编目（CIP）数据

数控加工技术综合实训/杜俊，宋殿琛，郁晓霞主编. —北京：机械工业出版社，2023.6

职业教育改革与创新系列教材

ISBN 978-7-111-73223-5

Ⅰ.①数… Ⅱ.①杜… ②宋… ③郁… Ⅲ.①数控机床-加工-职业教育-教材 Ⅳ.①TG659

中国国家版本馆 CIP 数据核字（2023）第 093698 号

机械工业出版社（北京市百万庄大街 22 号　邮政编码 100037）
策划编辑：王莉娜　　　　　　　责任编辑：王莉娜
责任校对：樊钟英　李　杉　　　封面设计：张　静
责任印制：刘　媛
涿州市般润文化传播有限公司印刷
2023 年 8 月第 1 版第 1 次印刷
285mm×210mm・11.75 印张・386 千字
标准书号：ISBN 978-7-111-73223-5
定价：49.00 元

电话服务	网络服务
客服电话：010-88361066	机　工　官　网：www.cmpbook.com
010-88379833	机　工　官　博：weibo.com/cmp1952
010-68326294	金　书　网：www.golden-book.com
封底无防伪标均为盗版	机工教育服务网：www.cmpedu.com

前　　言

本书是为深入贯彻落实《国家职业教育改革实施方案》《党的二十大报告》等文件精神而编写的。

本书以完整展现职业行动的工作原貌为原则，将工作内容序化为职业活动，构成职业行动体系，辅以支撑职业行动的相关知识。为了清晰表达工作原貌，在具体版面设计上采用横版排版，一页纸分为左右对称两部分，左侧为职业行动，右侧为支撑职业行动得以开展的相关知识。

具体表现：页面左侧为序化的职业行动——制订加工工艺、编制加工程序、加工工件、测量工件，形成职业行动体系，作为教材结构逻辑；页面右侧为支撑职业行动的技术标准、规范、要求、原则、方法、原理等理论知识、技术理论知识、技术实践知识以及经验性知识，其中以技术实践知识为主，并进行表格化处理，以方便查阅，体现手册式特征。

全书共十个项目，包括锥轴的数控车削加工、滑阀心轴的数控车削加工、球形换档把手的数控车削加工、连接轴的数控车削加工、连接套筒的数控车削加工、闷盖的数控铣削加工、凸形底板的数控铣削加工、固定底座的数控铣削加工、凹模板的数控铣削加工、六角套筒的数控车铣复合加工，并配有视频、动画等二维码资源。

本书紧紧围绕新型活页式、工作手册式教材本质特征，具备如下特点：

1. 体现能力本位功能，突出职业能力培养。将项目或任务的工作内容序化为完整的工作过程，展示工作原貌，在完成职业活动的过程中不断积淀职业能力。

2. 适应"1+X"证书制度，内容选取参考数控车铣加工职业技能等级标准。在"1"的基础上，针对职业要求进行拓展和补充，将数控车铣加工职业技能等级标准有关内容及要求有机融入书中，实现书证融通。

3. 辅以信息化数字资源，使教材内容立体呈现。本书配套开发了教学课件、视频动画等资源，方便教学。

4. 图文并茂，职业知识表格化处理，突出"手册式"功能。本书编写时选用了大量图例，文字力求简练、通俗，内容简明扼要，将职业知识进行表格化处理，表达直观易懂，便于快速查阅。

本书由包头机械工业职业学校杜俊、内蒙古一机集团瑞特精密工模具有限公司宋殿琛、包头机械工业职业学校郁晓霞任主编，包头职业技术学院张桂霞、宁波市鄞州职业教育中心学校刘国柱任副主编，包头机械工业职业学校李辰、孙吉义和内蒙古一机集团瑞特精密工模具有限公司张利明、内蒙古机电职业技术学院陈启渊参与编写。杜俊负责统稿并编写项目一（部分）、项目七、项目十（部分），宋殿琛编写项目四（部分）、项目十（部分）、郁晓霞编写项目四（部分）、项目五（部分）、项目六，张桂霞编写项目五（部分），刘国柱编写项目八（部分），李辰编写项目三、项目八（部分），孙吉义编写项目二（部分）、项目九，张利明编写项目二（部分），陈启渊编写项目一（部分）。

由于编者水平有限，书中难免有疏漏之处，恳请读者批评指正。

编　者

二维码索引

序号	名称	二维码	页码	序号	名称	二维码	页码	序号	名称	二维码	页码
1	数控车刀的选用		2	8	数控车试切对刀		13	15	G92单一加工走刀路线（外螺纹）		58
2	工件坐标系及工件原点的建立		3	9	宽槽的加工方法		24	16	外螺纹车刀的安装		63
3	切削用量的选用原则及选取方法		3	10	G75切槽走刀路线		24	17	外螺纹车刀的对刀		63
4	工序划分		4	11	G02、G03圆弧插补指令		26	18	螺纹检测		66
5	机床坐标系及机床原点的建立		8	12	车槽刀的安装		31	19	麻花钻工作部分的组成		72
6	辅助功能M代码及功能		9	13	G73外圆加工走刀路线		43	20	G71内孔加工走刀路线		75
7	数控车刀的安装原则		12	14	刀尖圆弧半径补偿		44	21	内径百分表		77

(续)

序号	名称	二维码	页码	序号	名称	二维码	页码	序号	名称	二维码	页码
22	铣床用刀具及用途		89	28	违规操作事故模拟		118	34	铣削圆弧切入和切出		143
23	平口钳的种类		97	29	数控铣床的日常保养与维护		118	35	下刀方式		143
24	试切法对刀（X、Y方向）		97	30	数控铣床钻孔		124	36	内径千分尺		155
25	试切法对刀（Z方向）		98	31	钻头		124	37	数控铣床上自定心卡盘装夹与找正		161
26	游标卡尺的使用方法		100	32	麻花钻的组成		126	38	旋转指令 G68		164
27	寻边器对刀		116	33	塞规		136				

目　　录

前言

二维码索引

项目一　锥轴的数控车削加工 …………………… 1
　　任务一　制订锥轴加工工艺 …………………… 2
　　任务二　编制锥轴加工程序 …………………… 7
　　任务三　加工锥轴 …………………………… 12
　　任务四　检测锥轴 …………………………… 15

项目二　滑阀心轴的数控车削加工 ………………… 19
　　任务一　制订滑阀心轴加工工艺 ……………… 20
　　任务二　编制滑阀心轴加工程序 ……………… 24
　　任务三　加工滑阀心轴 ………………………… 31
　　任务四　检测滑阀心轴 ………………………… 34

项目三　球形换档把手的数控车削加工 …………… 38
　　任务一　制订球形换档把手加工工艺 ………… 39
　　任务二　编制球形换档把手加工程序 ………… 43
　　任务三　加工球形换档把手 …………………… 47
　　任务四　检测球形换档把手 …………………… 50

项目四　连接轴的数控车削加工 …………………… 54
　　任务一　制订连接轴加工工艺 ………………… 55
　　任务二　编制连接轴加工程序 ………………… 58
　　任务三　加工连接轴 …………………………… 63
　　任务四　检测连接轴 …………………………… 66

项目五　连接套筒的数控车削加工 ………………… 71
　　任务一　制订连接套筒加工工艺 ……………… 72
　　任务二　编制连接套筒加工程序 ……………… 75
　　任务三　加工连接套筒 ………………………… 81
　　任务四　检测连接套筒 ………………………… 84

项目六　闷盖的数控铣削加工 ……………………… 88
　　任务一　制订闷盖加工工艺 …………………… 89
　　任务二　编制闷盖加工程序 …………………… 93
　　任务三　加工闷盖 ……………………………… 97
　　任务四　检测闷盖 ……………………………… 100

项目七　凸形底板的数控铣削加工 ………………… 105
　　任务一　制订凸形底板加工工艺 ……………… 106
　　任务二　编制凸形底板加工程序 ……………… 110
　　任务三　加工凸形底板 ………………………… 115
　　任务四　检测凸形底板 ………………………… 118

项目八　固定底座的数控铣削加工 ………………… 123
　　任务一　制订固定底座加工工艺 ……………… 124
　　任务二　编制固定底座加工程序 ……………… 128
　　任务三　加工固定底座 ………………………… 133
　　任务四　检测固定底座 ………………………… 136

项目九　凹模板的数控铣削加工 …………………… 141
　　任务一　制订凹模板加工工艺 ………………… 142
　　任务二　编制凹模板加工程序 ………………… 146
　　任务三　加工凹模板 …………………………… 151
　　任务四　检测凹模板 …………………………… 154

项目十　六角套筒的数控车铣复合加工 …………… 159
　　任务一　制订六角套筒加工工艺 ……………… 160
　　任务二　编制六角套筒加工程序 ……………… 164
　　任务三　加工六角套筒 ………………………… 169
　　任务四　检测六角套筒 ………………………… 173

参考文献 …………………………………………… 178

项目一　锥轴的数控车削加工

项目描述

依据数控车工国家职业标准的相关规定制订锥轴的加工工艺，编制加工程序，加工出合格的零件，并进行检测。

项目要求

1）制订锥轴的加工工艺。
2）编制锥轴的加工程序。
3）按图样要求加工锥轴并进行检测。

学习目标

1）能按照数控车工国家职业标准规定，正确制订锥轴的加工工艺。
2）能为加工合格的锥轴零件选择合适的刀具、量具、工具。
3）能为加工锥轴零件编写正确的加工程序。
4）能熟练操作机床，独自加工出合格的锥轴零件。
5）培养学生自觉遵守数控车工国家职业标准的要求和规定，规范加工过程，执行加工环境"7S"管理，培养精益求精的职业素养。
6）培养劳动光荣的意识。

学习载体

本项目加工锥轴，零件图如图 1-1 所示。

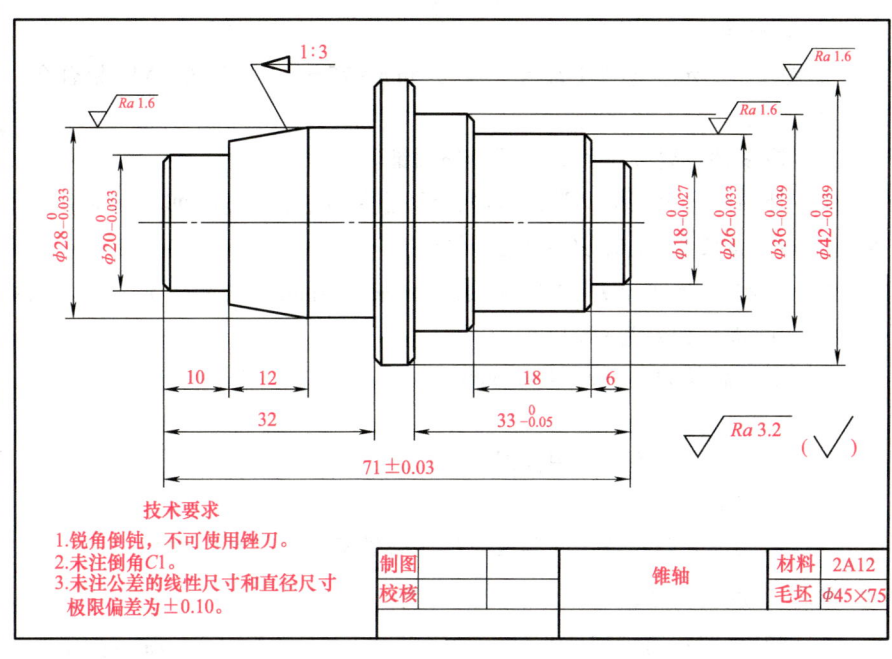

图 1-1　锥轴零件图

任务一　制订锥轴加工工艺

任务实施

步骤一：识读图样

1. 标题栏

如图1-1所示，零件毛坯尺寸为$\phi 45mm\times 75mm$，材料为2A12铝合金。

2. 分析尺寸

1) 该零件主要加工面为外圆、外圆锥。

2) 外圆尺寸分别为 $\phi 20_{-0.033}^{0}$mm、$\phi 28_{-0.033}^{0}$mm、$\phi 18_{-0.027}^{0}$mm、$\phi 26_{-0.033}^{0}$mm、$\phi 36_{-0.039}^{0}$mm、$\phi 42_{-0.039}^{0}$mm，还有锥度、倒角等。

3) 右端长度尺寸为 $33_{-0.05}^{0}$mm、10mm、12mm、32mm、18mm、6mm 长度尺寸的极限偏差为±0.10mm。

4) 零件总长为 (71±0.03) mm。

3. 技术要求

1) 锐角倒钝，不可使用锉刀。

2) 未注倒角 C1。

3) 未注公差的线性尺寸和直径尺寸的极限偏差为±0.1mm。

步骤二：选择刀具

1) 93°外圆车刀1把。

2) 4mm 宽车槽刀1把。

步骤三：确定装夹方案

1. 夹具选择

选用自定心卡盘装夹。

2. 装夹顺序

1) 第一次装夹选择工件左端，夹住毛坯 $\phi 45$mm 外圆，伸出卡盘长度 >40mm（取 42~46mm），加工工件的右端外轮廓。

2) 第二次装夹选择已经加工好的工件右端 $\phi 26$mm 外圆，加工工件左端外轮廓。

数控车刀的选用

相关知识

1-1　数控车床夹具的选用原则

1) 尽量选用已有通用夹具，以减少装夹次数。

2) 尽量在一次装夹中加工出零件上所有要加工的表面，以减少装夹次数。

3) 零件定位基准应尽量与设计基准重合，以减少定位误差对尺寸精度的影响。

1-2　数控车床常用装夹方式

装夹方式	示意图	特点	应用
自定心卡盘装夹		1) 装夹简单 2) 夹持范围大 3) 自动定心	主要用于装夹轴类零件和套类零件
单动卡盘装夹		1) 装夹时必须进行工件找正 2) 夹紧力较大 3) 装夹精度较高 4) 不如自定心卡盘方便	适用于装夹形状不规则或大型的零件

1-3　工件原点的设定方法

工件原点通常设置在工件左、右端面中心，即端面与轴线的交点处，如图1-2所示。

步骤四：制订加工工艺

1. 确定工件加工工艺路线

（1）加工工序 1　夹持工件一端，加工工件右端外轮廓至尺寸要求。

（2）加工工序 2　夹持工件已加工表面 φ26mm 外圆，加工工件左端外轮廓至尺寸要求。

2. 确定工件工步

（1）工步 1　用外圆车刀车端面，Z 方向对刀；用外圆车刀车外圆，X 方向对刀。

（2）工步 2　用外圆车刀粗车工件右端 φ18mm、φ26mm、φ36mm、φ42mm 外圆以及倒角，留 0.5mm 的加工余量。

（3）工步 3　用外圆车刀精车工件右端 φ18mm、φ26mm、φ36mm、φ42mm 外圆以及倒角，至尺寸要求。

（4）工步 4　工件掉头，装夹已加工表面 φ26mm，用外圆车刀车端面，Z 方向对刀。

（5）工步 5　用外圆车刀粗车工件左端 φ20mm、φ28mm 外圆以及圆锥、倒角，留 0.5mm 加工余量。

（6）工步 6　外圆车刀精车工件右端 φ20mm、φ28mm 外圆以及外圆锥、倒角，至尺寸要求。

3. 确定切削用量

（1）确定主轴转速 n　根据数控加工切削用量手册，确定粗加工主轴转速 n 为 1000r/min，精加工主轴转速为 1400r/min。

（2）确定背吃刀量 a_p　根据工件材料、刀具性能，确定粗加工背吃刀量为 2mm，精加工背吃刀量为 0.25mm。

（3）确定进给速度　根据工件材料、刀具性能，确定粗加工进给速度为 0.2mm/r，精加工进给速度为 0.1mm/r。

步骤五：编制工序卡

1. 填写工序卡表头内容

1）零件名称：锥轴。

2）零件图号：1-1。

3）系统：FANUC 系统。

4）零件材料：2A12。

5）程序名称：O0101、O0102。

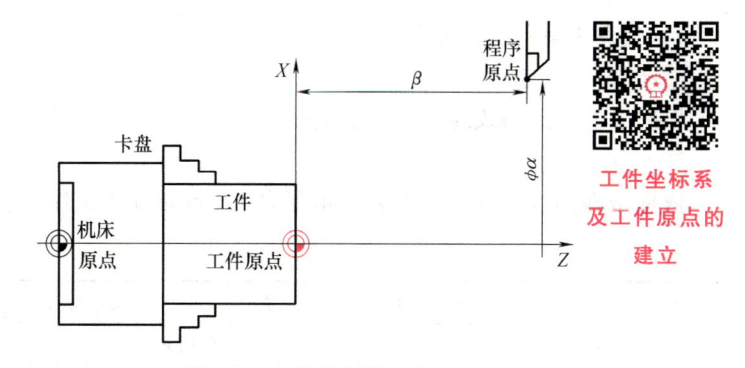

图 1-2　工件原点的设定

1-4　台阶轴

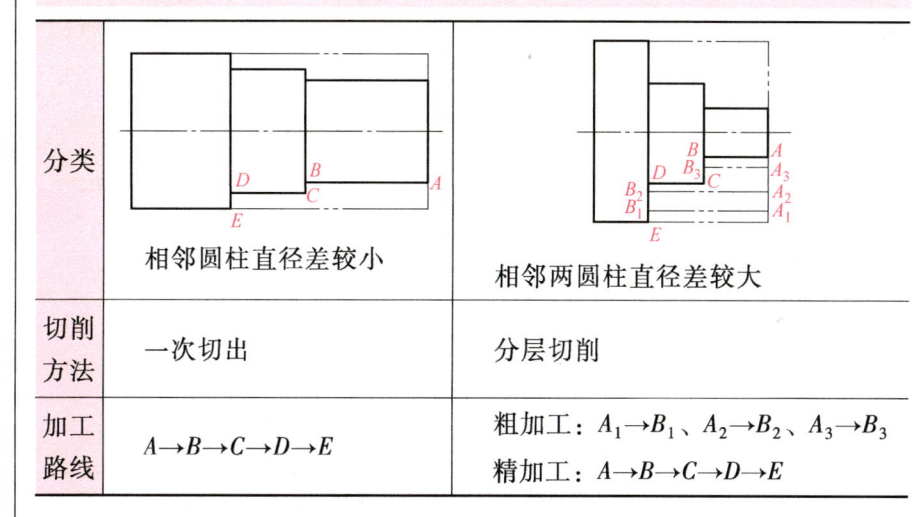

分类	相邻圆柱直径差较小	相邻两圆柱直径差较大
切削方法	一次切出	分层切削
加工路线	$A \to B \to C \to D \to E$	粗加工：$A_1 \to B_1$、$A_2 \to B_2$、$A_3 \to B_3$ 精加工：$A \to B \to C \to D \to E$

1-5　切削用量的选用原则

1）在保证加工质量的前提下，充分利用刀具的切削性能和机床性能，选用可获得高生产率和低加工成本的切削用量。

2）粗加工时，应根据刀具的切削性能和机床性能选择切削用量。

3）精加工时，应根据零件的加工精度和表面质量来选择切削用量。

6）使用夹具：自定心卡盘。

2. 绘制工序装夹图

根据工件加工路线绘制工序装夹图。

3. 绘制加工工步内容

依据步骤四制订的加工工艺，填写表 1-1 锥轴加工工序卡。

表 1-1　锥轴加工工序卡

零件名称		零件图号		系统		毛坯材料	
程序名称						使用夹具	

工序装夹图

工步	工步内容	刀具	切削用量		
			主轴转速 $n/(r/min)$	进给量 $f/(mm/r)$	背吃刀量 a_p/mm
1					
2					
3					
4					
5					
6					

1-6　工序划分原则与特点

工序划分

工序划分原则	优点	缺点
工序集中原则：即每道工序尽可能安排多的加工内容，从而使工序的总数减少	有利于保证加工精度、提高生产率、缩短生产周期、减少机床数量	专用设备和工艺装备投资大，调整维修比较麻烦，生产周期较长，不利于转产
工序分散原则：即将工件的加工分散在较多的工序内进行，每道工序的加工内容很少	有利于调整、维修加工设备和工艺装备，选择合理的切削用量，转产容易	工艺路线较长，所需设备及人工较多，占地面积较大

1-7　工序划分方法与适用场景

工序划分方法	适用场景
按所用刀具划分：以同一把刀具完成的那一部分工艺过程为一道工序	工件待加工面较多，机床连续工作时间较长，加工程序的编制和检查难度加大等情况
按装夹次数划分：以一次装夹完成的那一部分工艺过程为一道工序	工件的加工内容不多的工件，加工完成后就能达到待检状态
按粗、精加工划分：粗加工完成的那部分工艺过程为一道工序；精加工完成的那部分工艺过程为一道工序	加工后变形较大，需粗、精加工分开的工件，如毛坯为铸件、焊接件或锻件的情况
按加工部位划分：以完成相同型面的那一部分工艺过程为一道工序	加工面多而复杂的工件

1-8 工步的划分方法

1）在划分工步时，要根据零件的结构特点、技术要求等情况综合考虑。

2）通常情况下，可分别按粗、精加工分开，由近及远的加工方法和切削工具来划分工步。

1-9 S功能指令

S功能指令是指主轴转速或速度控制指令。

主轴转速控制指令G97：系统执行G97指令后，S后面的数值表示主轴每分钟的转数，如G97 S800表示主轴转速为800r/min。

FANUC数控系统通电后一般默认为G97状态。

1-10 F功能指令

F功能指令表示进给速度，它用地址F与其后面的若干位数字来表示。

每转进给指令G99：数控系统执行G99指令后，F指令所指定的进给速度单位为mm/r，如F0.2表示进给速度是0.2mm/r。

FANUC数控系统通电后一般默认为G99状态。

1-11 T功能指令

T功能指令表示刀具指令，由地址码T和后面的若干位数字组成，数字用来表示刀具号和刀具补偿号，数字的位数由系统决定。

FANUC系统T指令由T和4位数字组成，前两位数字表示刀具号，后两位数字表示刀具补偿号，如T0303表示选择3号刀具，刀具补偿号是3号。

任务测评

1. 知识测评

确定本任务关键词，按重要程度进行关键词排序并举例解读。

根据自己对重要信息捕捉、排序、表达、创新和划分权重的能力进行自评，满分为100分，见表1-2。

表1-2 制订锥轴加工工艺知识测评表

序号	关键词	举例解读	自评评分
1			
2			
3			
4			
5			
总分			

2. 能力测评

对表1-3所列作业内容进行测评，操作规范即得分，操作错误或未操作得零分。

表1-3 制订锥轴加工工艺能力测评表

序号	能力点	配分	得分
1	识读图样	15	
2	选择刀具	10	
3	确定装夹方案	15	
4	制订加工工艺	30	
5	编制工序卡	30	
总分		100	

3. 素养测评

对表1-4所列素养点进行测评，做到即得分，未做到得零分。

表1-4 制订锥轴加工工艺素养测评表

序号	素养点	配分	得分
1	学习纪律	20	
2	工具使用、摆放	20	
3	态度严谨认真、一丝不苟	20	
4	互相帮助、团队合作	20	
5	学习环境"7S"管理	20	
总分		100	

4. 拓展训练

1）请列举出在制订锥轴加工工艺过程中易出现的问题，分析产生问题的原因并制定解决方案。

2）请按下列思维导图格式，对制订锥轴加工工艺的学习收获进行总结。

任务二 编制锥轴加工程序

任务实施

步骤一：计算加工基点

1. 计算工序 1 加工基点

1）标出工序 1 各基点位置，如图 1-3 所示。

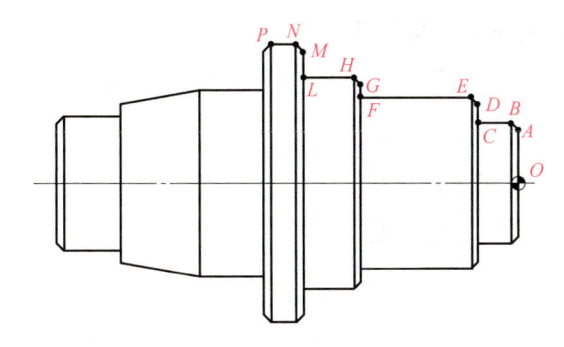

图 1-3 基点位置

2）绘制工序 1 各基点坐标汇总表，并填写各基点坐标，见表 1-5。

表 1-5 工序 1 各基点坐标汇总表

基点	X 坐标	Z 坐标	基点	X 坐标	Z 坐标
O	0	0	G	34.0	−24.0
A	16.0	0	H	36.0	−25.0
B	18.0	−2.0	L	36.0	−33.0
C	18.0	−6.0	M	40.0	−33.0
D	24.0	−6.0	N	42.0	−34.0
E	26.0	−7.0	P	42.0	−38.0
F	26.0	−24.0			

2. 计算工序 2 加工基点

1）标出工序 2 各基点位置，如图 1-4 所示。

相关知识

1-12 基点简介

基点	说　　明
定义	构成工件轮廓的不同几何要素的交点或切点，可以作为工件轮廓运动轨迹的起点或终点
计算	每条运动轨迹（线段）的起点或终点在选定坐标系中的各坐标值。初学者可以在图样上按 A、B、C、D、E、F 等依次标出，如图 1-3 所示
坐标	X 方向坐标为工件的直径值，Z 方向以工件端面为 $Z0$，以刀具远离工件的方向为正方向。如图 1-3 中 C 点的 X 方向坐标为 18.0，Z 方向坐标为 −6.0

1-13 机床坐标轴方向

机床坐标轴的方向取决于机床的类型和各组成部分的布局，如图 1-5 所示为卧式车床坐标系。

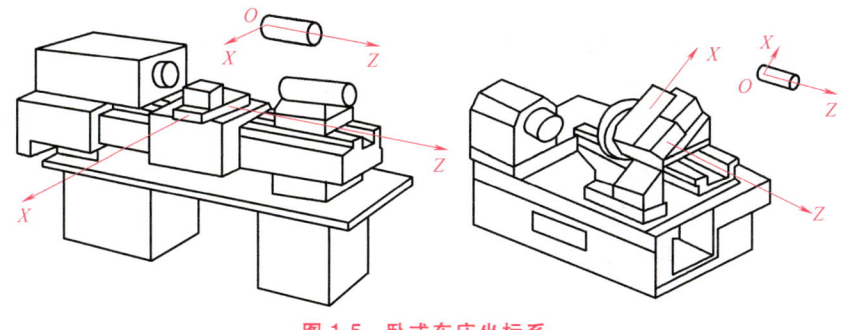

图 1-5 卧式车床坐标系

Z 坐标方向。Z 坐标的运动由主要传递切削动力的主轴所决定。对任何具有旋转主轴的机床，其主轴与主轴轴线平行的坐标都称为 Z 坐标（简称 Z 轴）。根据坐标系正方向的确定方法，刀具远离工件的方向为该轴的正方向，即沿着 Z 轴正方向移动将增大工件和刀具间的距离。

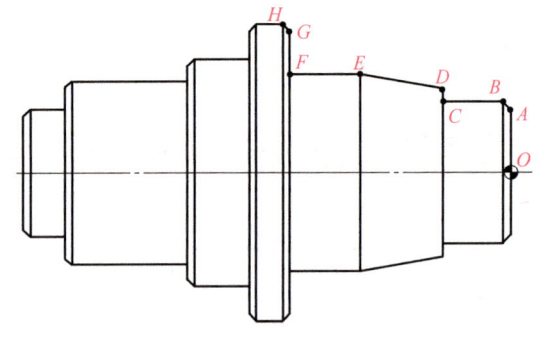

图1-4 基点位置

2）填写工序2各基点坐标，见表1-6。

表1-6 工序2各基点坐标汇总表

基点	X坐标	Z坐标	基点	X坐标	Z坐标
O	0	0	E	28.0	-22.0
A	18.0	0	F	28.0	-32.0
B	20.0	-2.0	G	40.0	-32.0
C	20.0	-10.0	H	42.0	-33.0
D	24.0	-10.0			

步骤二：选用循环指令

1. 循环指令

（1）粗加工循环指令 G71（内外圆粗车循环指令）。

（2）精加工循环指令 G70（内外圆精车循环指令）。

2. 编制G71、G70指令内容

（1）G71指令内容

G00　X47.0　Z2.0；
G71　U1　R0.5；
G71　P1　Q2　U0.5　W0.05　F0.2；
N1　G00　X16.0；

（2）G70指令内容

G00　X47.0　Z2.0；
G70　P1　Q2　F0.1；
G00　X100.0　Z100.0；

X坐标方向。X坐标的方向在工件的径向上且平行于车床的横导轨，且刀具远离工件的方向为X轴的正方向，即沿着X轴正方向移动将增大工件和刀具间的距离。

1-14　数控车床坐标系

机床坐标系（图1-6）是用来确定工件坐标系的基本坐标系，是机床本身所固有的坐标系，是机床安装、调试的基础，是机床生产厂家设计时自定的，其位置由机械挡块决定，不能随意改变。

机床坐标系及机床原点的建立

不同的机床有不同的坐标系。

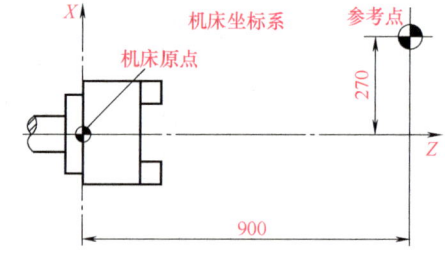

图1-6 数控车床坐标系

1-15　起刀点的确定

释义	起刀点是指在数控车床上加工工件时，刀具相对于工件的起点。它是指循环车削指令的起始点，也是循环车削指令的终点
确定方法	X方向一般取比直径略大 Z方向一般设在距离工件右端面2~5mm处

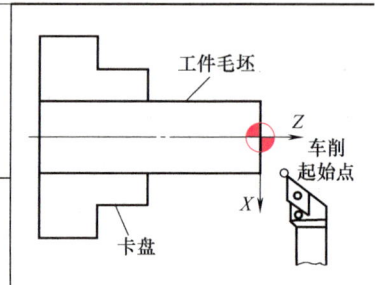

1-16　换刀点的确定

1）换刀点是零件开始加工或在加工过程中更换刀具的相关点。

2）设立换刀点的目的是在更换刀具时让刀具处于一个比较安全的切削区域。

3）换刀点可远离工件和尾座，也可在便于换刀的任何地方，但该点与程序之间必须有确定的坐标系。

步骤三：编制加工程序

1. 编制工序 1 加工程序

工序 1 参考程序见表 1-7。

表 1-7 工序 1 参考程序

程序段号	程序内容	说明
	程序号 O0101（加工零件右端外轮廓，工件坐标系 XOZ）	
N10	T0101;	调用 1 号外圆车刀
N20	G99 M03 S1000;	设定每转进给，主轴正转，转速为 1000r/min
N30	G00 X100 Z100;	刀具快速定位
N40	G00 X47 Z2;	快速定位起刀点，准备粗加工
N50	G71 U1 R0.5;	每次背吃刀量 1mm，退刀量 0.5mm
N60	G71 P70 Q200 U0.5 W0.05 F0.2;	精加工路径第一程序段段号为 N70 精加工路径最后程序段段号为 N200
N70	G0 X16;	精加工路径第一程序段
N80	G01 Z0;	
N90	X18 Z-1;	倒角
N100	Z-6;	
N110	X24;	
N120	X26 Z-7;	倒角
N130	Z-24;	
N140	X34;	
N150	X36 Z-25;	倒角
N160	Z-33;	
N170	X40;	
N180	X42 Z-34;	倒角
N190	Z-40;	
N200	X47;	精加工路径最后程序段
N210	G00 X100 Z100;	刀具快速定位
N220	T0101 M03 S1400;	设定精加工转速为 1400r/min
N230	G00 X47 Z2;	
N240	G70 P70 Q200 F0.1;	
N250	G00 X100 Z100;	
N260	M05;	主轴停止
N270	M30;	

1-17 常用的 M 指令

（1）主轴正转指令 M03　该指令使主轴正转，主轴转速由主轴功能字 S 指定。

（2）主轴反转指令 M04　该指令使主轴反转，其功能与 M03 相似。

（3）主轴停止指令 M05　在 M03 或 M04 指令作用后，可以用 M05 指令使主轴停止。

（4）切削液开指令 M08　该指令使切削液开启。

（5）切削液关指令 M09　该指令使切削液停止供给。

（6）程序结束并返回程序开始 M30 指令　该指令使程序结束并返回程序的第一条语句，准备下一个工件的加工。

辅助功能 M 代码及功能

1-18 G00 指令

（1）指令格式　G00　X(U)　Z(W);

（2）参数说明　X、Z：目标点在工件坐标系中的坐标。

（3）指令功能　G00 指令刀具相对于工件以各轴预先设定的速度，从当前位置快速移动到程序段指令的定位目标点。

（4）注意事项

1）G00 为模态指令，可由 G01、G02、G03 或 G33 功能注销。

2）快速移动速度可通过面板上的进给修调旋钮修正。

3）刀具的实际运动路线有时不是直线，而是折线，使用时要注意刀具是否和工件干涉。

4）G00 指令一般用于加工前的快速定位或加工后的快速退刀。

1-19 G01 指令

（1）指令格式　G01　X(U)　Z(W)　F;

（2）参数说明　X、Z：绝对编程时目标点在工件坐标系中的坐标；
　　　　　　　U、W：增量编程时的目标点；
　　　　　　　F：进给速度。

（3）指令功能　直线插补指令。

（4）注意事项

1）G01 指令使刀具以一定的进给速度，从所在点出发，直线移动到目标点，通常完成一个切削加工过程。

2）G01 程序段中必须含有 F 指令值或已经在之前的 01 组代码中指定的 F 值。

3）G01 为模态指令，F 功能字也具备模态功能。

2. 编制工序 2 加工程序

根据工序 1 加工程序的编写步骤，进行工序 2 加工程序的编写，并填写表 1-8。

表 1-8　工序 2 参考程序

程序段号	程序内容	程序段号	程序内容
N10		N180	
N20		N190	
N30		N200	
N40		N210	
N50		N220	
N60		N230	
N70		N240	
N80		N250	
N90		N260	
N100		N270	
N110		N280	
N120		N290	
N130		N300	
N140		N310	
N150		N320	
N160		N330	
N170		N340	

程序号 O0102（加工零件左端外轮廓）

1-20　G71 指令

(1) 指令格式　　G00 X___ Z___；
　　　　　　　　G71 U(Δd) R(e)；
　　　　　　　　G71 P(ns) Q(nf) U(Δu) W(Δw) F___ S___ T___；

(2) 参数说明　　Δd：切削深度（每次切入量）；

e：每次退刀量；

ns：精加工路径第一程序段段号；

nf：精加工路径最后程序段段号；

Δu：X 方向精加工余量；

Δw：Z 方向精加工余量；

F、S、T：分别为粗车加工循环中的进给速度、主轴转速与刀具功能。

(3) 指令功能　　G71 指令用于粗车圆柱棒料，切除较多的加工余量。

(4) 循环路线（见图 1-7）

(5) 注意事项

1) 只要指定精加工的加工路线及粗加工的背吃刀量，系统就会自动计算粗加工走刀路线和走刀次数。

2) 切削进给方向平行于 Z 轴。

3) 粗加工之后要留出精加工余量。

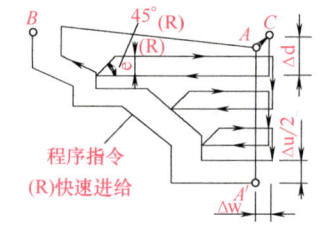

图 1-7　G71 指令循环轨迹示意图

1-21　G70 指令

(1) 指令格式　　G70 P(ns) Q(nf)；

粗加工之后要留出精加工余量。

(2) 参数说明　　ns：精加工轮廓程序段中开始程序段的段号；

nf：精加工轮廓程序段中结束程序段的段号。

(3) 指令功能　　采用 G71 或 G73 指令进行粗车后，用 G70 指令可进行精车循环车削。

(4) 注意事项

在 G71、G72、G73 程序段的 nf 程序段后再加上"G70 Pns Qnf"程序段，并在 ns~nf 程序段中加上精加工适用的 F、S、T，就可以完成从粗加工到精加工的全过程。

任务测评

1. 知识测评

确定本任务的关键词，按重要程度进行关键词排序并举例解读。

根据自己对重要信息捕捉、排序、表达、创新和划分权重的能力进行自评，满分为100分，见表1-9。

表1-9 编制锥轴加工程序知识测评表

序号	关键词	举例解读	自评评分
1			
2			
3			
4			
5			
	总分		

2. 能力测评

对表1-10所列作业内容进行测评，操作规范即得分，操作错误或未操作得零分。

表1-10 编制锥轴加工程序能力测评表

序号	能力点	配分	得分
1	计算加工基点	30	
2	选用循环指令	30	
3	编制加工程序	40	
	总分	100	

3. 素养测评

对表1-11所列素养点进行测评，做到即得分，未做到得零分。

表1-11 编制锥轴加工程序素养测评表

序号	素养点	配分	得分
1	学习纪律	20	
2	工具使用、摆放	20	
3	态度严谨认真、一丝不苟	20	
4	互相帮助、团队合作	20	
5	学习环境"7S"管理	20	
	总分	100	

4. 拓展训练

1）请列举出在编制锥轴加工程序过程中易出现的问题，分析产生问题的原因并制定解决方案。

2）请按下列思维导图格式，对编制锥轴加工程序的学习收获进行总结。

任务三　加工锥轴

任 务 实 施

步骤一：加工准备

请仔细检查工、量具以及机床的准备情况，填写表1-12和表1-13。

表1-12　工、量具的准备

检查内容	工具	刀具	量具	毛坯
检查情况				

注：经检查后该项完好，在相应项目下打"√"；若出现问题应及时调整。

表1-13　机床的准备

检查部分	机械部分				电气部分			数控系统部分		辅助部分	
	主轴	进给装置	刀架	尾座	主电源	冷却风扇	电器元件	控制部分	驱动部分	冷却	润滑
检查情况											

注：经检查后该项完好，在相应项目下打"√"；若出现问题应及时调整。

步骤二：加工锥轴

按照表1-14所列的操作流程，操作数控车床，完成锥轴的加工。

表1-14　锥轴加工操作流程

加工零件	锥轴	设备编号	F01
		设备名称	数控车床
		操作员	

操作项目	操作步骤	操作要点
开始	1）装夹工件 2）装夹刀具	工件伸出长度应合适，刀具安装角度应准确
对刀试切	1）试切端面外圆 2）测量并输入刀补	用MDI方式执行刀补，可通过检查刀尖位置与坐标显示是否一致检查刀补的正确性

相 关 知 识

1-22　数控车刀的安装

车刀安装得是否正确，将直接影响切削能否顺利进行和工件的加工质量。因此车刀安装后，必须做到以下几点。

1）车刀不宜伸出刀架过长。因为车刀伸出过长，刀杆刚性相对减弱，切削时在切削力的作用下，容易产生振动，使车出的工件表面不光滑。一般车刀伸出长度不超过刀杆厚度的2倍。如图1-8所示。

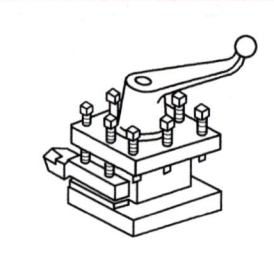

图1-8　刀具安装示意图

2）车刀刀尖的高低应对准工件的中心。车刀安装得过高或过低都会引起车刀角度的变化，从而影响切削。刀尖应严格对准工件中心，以保证车刀前角和后角不变，否则车削工件端面时，工件中心将会留下凸头并损坏刀具。图1-9所示为刀尖安装高度错误示例。

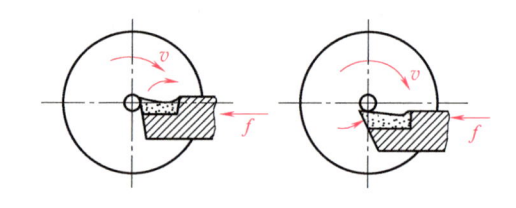

图1-9　刀尖安装高度错误示例

数控车刀的安装原则

3）安装车刀用的垫片要平整，并尽可能地减少片数，一般只用2~3片。如垫片的片数太多或不平整，会使车刀产生振动，影响切削。

4）车刀装上后，要紧固刀架螺钉，一般要紧固两个螺钉。紧固时，应逐个拧紧。同时要注意，一定要使用专用扳手，不允许再加套管等，以免使螺钉受力过大而损伤螺钉。

1-23　外圆车刀对刀

对刀的目的是确定工件原点在机床坐标系中的位置，即工件坐标系与

(续)

操作项目	操作步骤	操作要点
输入、编辑程序	编辑方式下,完成程序的输入	注意程序代码、指令格式,输好后对照原程序检查一遍
空运行检查	在自动方式下用 MST 辅助功能将机床锁住,打开空运行,调出图形窗口,设置好图形参数,开始执行空运行检查	检查刀路轨迹与编程轮廓是否一致,结束空运行后,注意回到机床初始坐标状态
单段试运行	自动加工开始前,先按下"单段循环"键,然后按下"循环启动"按钮	单段循环开始时进给及快速倍率由低到高,运行中主要检查刀尖位置和程序轨迹是否正确
自动连续加工	关闭"单段循环"功能,执行连续加工	注意监控程序的运行。如发现加工异常,按进给保持键。处理好后,恢复加工
刀具补偿调整尺寸	粗车后,加工暂停,根据实测工件尺寸,进行刀补的修正	实测工件尺寸,如偏大,用负值修正刀偏,反之用正值修正刀偏

机床坐标系的关系。

1 号刀对刀步骤如下:

1)进入手动工作方式,选择合适的主轴转速,起动主轴,选择 1 号刀,车工件端面,长度约 10mm,并沿 X 方向退刀,如图 1-10a 所示。

2)将工作方式改为 MDI 方式,选择"PROG"功能,在 MDI 方式下输入"G50 Z0;",按下"循环启动"键;观察"POS"显示,"Z"应为 0。

3)用 1 号刀车削工件外圆,并沿 Z 方向退刀,如图 1-10b 所示。

4)用游标卡尺测量所车工件的外径,记为 ϕY,在 MDI 方式下输入指令"G50 XY;",再按"循环启动"键。

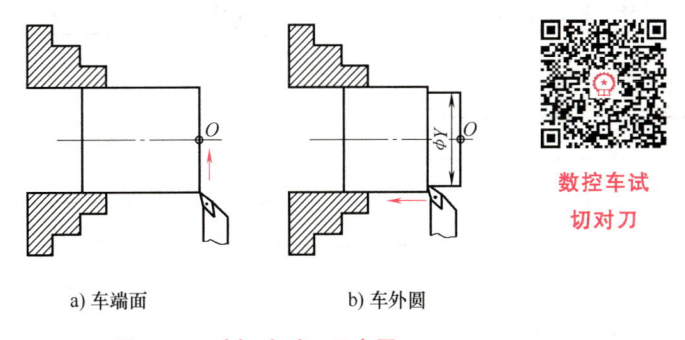

数控车试切对刀

a)车端面 b)车外圆

图 1-10 试切法对刀示意图

任务测评

1. 知识测评

确定本任务的关键词,按重要程度进行关键词排序并举例解读。

根据自己对重要信息捕捉、排序、表达、创新和划分权重的能力进行自评,满分为100分,见表1-15。

表1-15 加工锥轴知识测评表

序号	关键词	举例解读	自评评分
1			
2			
3			
4			
5			
总分			

2. 能力测评

对表1-16所列作业内容进行测评,操作规范即得分,操作错误或未操作得零分。

表1-16 加工锥轴能力测评表

序号	能力点	配分	得分
1	加工准备	30	
2	加工锥轴	70	
总分		100	

3. 素养测评

对表1-17所列素养点进行测评,做到即得分,未做到得零分。

表1-17 加工锥轴素养测评表

序号	素养点	配分	得分
1	学习纪律	20	
2	工具使用、摆放	20	
3	态度严谨认真、一丝不苟	20	
4	互相帮助、团队合作	20	
5	学习环境"7S"管理	20	
总分		100	

4. 拓展训练

1)请列举出在加工锥轴过程中易出现的问题,分析产生问题的原因并制定解决方案。

2)请按下列思维导图格式,对加工锥轴的学习收获进行总结。

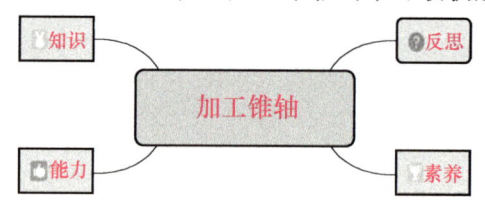

任务四 检测锥轴

任务实施

步骤一：检测准备工作

仔细检校所需量具，填写表1-18。

表 1-18 量具校验

检查内容	0~150mm 游标尺寸	0~25mm 千分尺	25~50mm 千分尺
检查情况			

注：经检查后该项完好，在相应项目下打"√"；若出现问题应及时调整。

步骤二：检测锥轴

检测锥轴并填写表1-19锥轴加工质量评分表。

表 1-19 锥轴加工质量评分表

序号	项目	内容	配分	评分标准	检测结果	得分
1	外圆	$\phi 20_{-0.033}^{0}$ mm	8	超差0.01mm扣1分，扣完为止		
2		$\phi 28_{-0.033}^{0}$ mm	8			
3		$\phi 18_{-0.027}^{0}$ mm	8			
4		$\phi 26_{-0.033}^{0}$ mm	8			
5		$\phi 36_{-0.039}^{0}$ mm	8			
6		$\phi 42_{-0.039}^{0}$ mm	10			
7	长度	71 ± 0.03 mm	10			
8		$33_{-0.05}^{0}$ mm	10			
9						
10		10mm、12mm、32mm、18mm、6mm	10	超差不得分		
11	锥度	1:3	8	超差不得分		
12	其他	倒角（6处）	6	超差不得分		
13		$Ra1.6\mu m$（3处）	6	超差不得分		
	综合得分			100		

相关知识

1-24 外圆加工误差分析

问题现象	产生原因	预防和消除措施
工件外圆尺寸超差	1）刀具数据不准确 2）切削用量选择不当产生让刀 3）程序错误 4）工件尺寸计算错误	1）调整或重新设定刀具数据 2）合理选择切削用量 3）检查、修改加工程序 4）正确计算工件尺寸
外圆表面粗糙度值过大	1）切削速度过低 2）刀具中心高不正确 3）切屑控制较差 4）刀尖产生积屑瘤	1）调高主轴转速 2）调整刀具中心高 3）选择合理的刀具角度 4）选择合适的切削速度
台阶处不清根或呈圆角	1）程序错误 2）刀具损坏	1）检查、修改加工程序 2）更换刀片
出现"扎刀"，引起工件报废	1）进给速度过快 2）切屑堵塞 3）工件安装不合理 4）刀具角度选择不合理	1）降低进给速度 2）采用断、退屑方式切入 3）检查工件安装，增加安装刚性 4）正确选择刀具角度

任务测评

1. 知识测评

确定本任务的关键词,按重要程度进行关键词排序并举例解读。

根据自己对重要信息捕捉、排序、表达、创新和划分权重的能力进行自评,满分为100分,见表1-20。

表1-20 检测锥轴知识测评表

序号	关键词	举例解读	自评评分
1			
2			
3			
4			
5			
总分			

2. 能力测评

对表1-21所列作业内容进行测评,操作规范即得分,操作错误或未操作得零分。

表1-21 检测锥轴能力测评表

序号	能力点	配分	得分
1	检测准备工作	30	
2	检测锥轴	70	
	总分	100	

3. 素养测评

对表1-22所列素养点进行测评,做到即得分,未做到得零分。

表1-22 检测锥轴素养测评表

序号	素养点	配分	得分
1	设备及工、量具检查	25	
2	加工安全防护	25	
3	量具清洁、校准	25	
4	工位摆放"5S"管理	25	
	总分	100	

4. 拓展训练

1)请列举出在检测锥轴过程中易出现的问题,分析产生问题的原因并制定解决方案。

2)请按下列思维导图格式,对检测锥轴的学习收获进行总结。

学习成果

一、成果描述

根据所学，识读图 1-11 所示外锥零件图并进行零件加工。

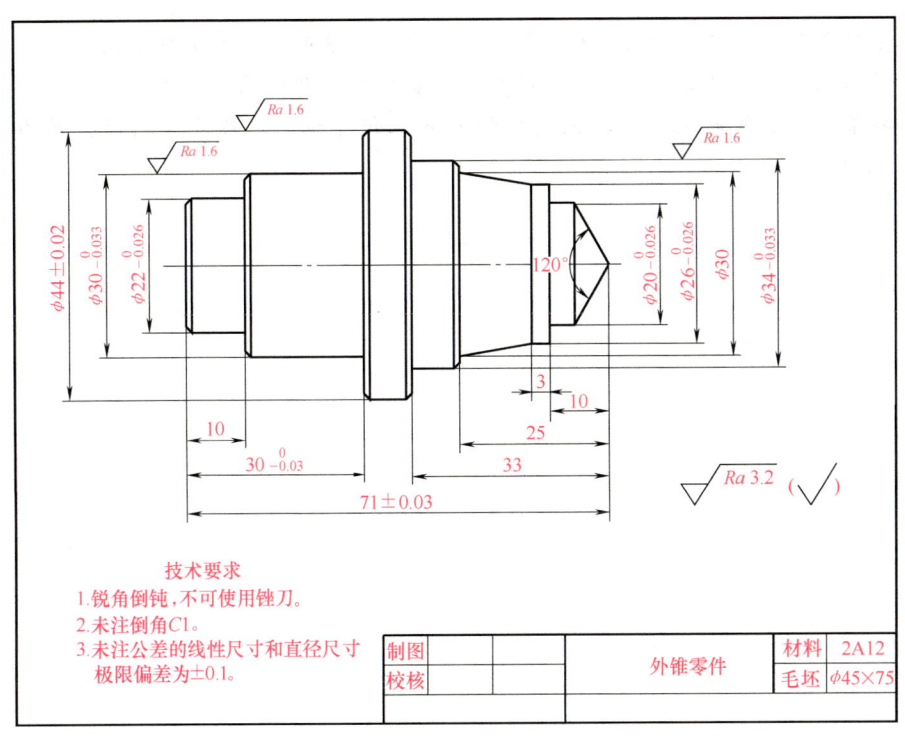

技术要求
1. 锐角倒钝，不可使用锉刀。
2. 未注倒角C1。
3. 未注公差的线性尺寸和直径尺寸极限偏差为±0.1。

材料：2A12
毛坯：φ45×75
外锥零件

图 1-11 外锥零件

二、实施准备

（一）学生准备

学生在按照教学进度计划已经完成了以下学习任务并达到了 75 分以上后，可进行该学习成果的实施。

1）理解并完成学习成果需要的相关知识和方法的学习，得分>75 分。
2）运用学习成果需要的相关知识和方法进行作业，得分>75 分。
3）按时、按质、按量完成相应作业，得分>80 分。
4）具有自觉遵守技术标准的要求和规定、规范操作、安全、环保、"7S"作业、团结协作的好习惯，得分>80 分。
5）能制订锥轴加工工艺并进行加工。

（二）教师准备

1）在安排学生实施学习成果前，通过课堂问题研讨、作业、实训和考核及其他方式，确认学生已经具备了实施学习成果所需的知识、技能和素养，并确保学生独立进行操作。
2）对学生自评、小组互评、教师评价进行测评方法培训，明确评价的意义和重要性，确保测评结果的准确性和公平性。
3）准备好测评记录。

三、考核方法与标准

1）评价监管：组长监控小组成员自评结果，教师监控小组互评结果，教师最终评价。
2）详细记录学生在实施学习成果过程中的方法步骤、完成时间以及出现错误等情况，要求在 150min 内完成。
3）考核内容及标准见表 1-23。

表 1-23 考核内容及标准

序号	项目	内容	配分	评分标准	检测结果	得分
1	外圆	$\phi 22_{-0.026}^{0}$ mm	10	超差 0.01mm 扣 1 分，扣完为止		
2		$\phi 30_{-0.033}^{0}$ mm	10			
3		$\phi 44\pm 0.02$ mm	10			
4		$\phi 20_{-0.026}^{0}$ mm	10			
5		$\phi 34_{-0.033}^{0}$ mm	10			
6		$\phi 26_{-0.026}^{0}$ mm	10			
7	长度	71 ± 0.03 mm	10			
8		$30_{-0.03}^{0}$ mm	9			
9		10mm、3mm、10mm、25mm、33mm	10	超差不得分		
10	其他	倒角（5处）	5	超差不得分		
11		$Ra 1.6\mu m$（3处）	6	超差不得分		
综合得分			100			

拓展阅读——世界技能大赛简介

世界技能大赛是最高层级的世界性职业技能赛事，由世界技能组织举办，每两年举办一次，被誉为"世界技能奥林匹克"。世界技能大赛的竞技水平代表了国际职业技能发展的先进水平，是世界技能组织成员展示和交流职业技能的重要平台。

世界技能大赛至今已成功举办46届。一个国家或地区在世界技能大赛中取得的成绩在一定程度上代表了该国家或该地区的技能发展水平，反映了这个国家或地区的经济技术实力。

世界技能大赛的举办机制类似于奥运会，由世界技能组织成员申请并获批准之后，世界技能大赛在世界技能组织的指导下与主办方合作举办。第41届世界技能大赛于2011年10月在英国伦敦举办，第42届世界技能大赛于2013年7月在德国莱比锡举办，第43届世界技能大赛于2015年8月在巴西的圣保罗和阿联酋的阿布扎比举办，第44届世界技能大赛于2017年10月在阿联酋阿布扎比举办，第45届世界技能大赛于2019年8月在俄罗斯喀山举办，第46届世界技能大赛于2022年10月在中国上海举办。

历届世界技能大赛以在欧洲举办为主。欧洲以外的地区，只在亚洲举办过6届，即第19届（1970年）日本东京、第32届（1993年）中国台北、第36届（2001年）韩国汉城、第39届（2007年）日本静冈县、第44届（2017年）阿联酋阿布扎比、第46届（2022年）中国上海。

在第41~45届世界技能大赛上，中国获得的总奖牌数为143枚，其中金牌36枚、银牌29枚、铜牌20枚、优胜奖58个，平均获奖率高达90%。中国现处于世界技能大赛第二梯队的强国，最突出的特征是从2017年开始，获得铜牌的数量开始下降，而获得金牌、银牌和优胜奖的数量逐年显著上升，并且上升势头非常强劲。这表明中国已经在参加世界技能大赛的过程中积累了对标国际技能标准提升技能人才综合素养的成功经验。

总结这10余年来参加和举办世界技能大赛的宝贵经验，并将其在职业教育领域不断进行大胆尝试和探索，力求在取得一系列高质量标志性成果的同时，开拓出一条具有世界水平、中国特色的职业教育发展之路。这将有利于在继续保持我国在世界技能大赛中的优势的同时，大力推进世界技能大赛成果转化，为我国高技能人才队伍建设与发展注入创新性动力元素。

项目二　滑阀心轴的数控车削加工

项目描述

依据数控车工国家职业标准的相关规定制订滑阀心轴加工工艺、编制加工程序、加工出合格的工件，并进行检测。

项目要求

1）制订滑阀心轴加工工艺。
2）编制滑阀心轴加工程序。
3）按图样要求加工滑阀心轴并进行检测。

学习目标

1）能按照数控车工国家职业标准规定，正确制订滑阀心轴的加工工艺。
2）能为加工出合格的滑阀心轴选择合适的刀具、量具、工具。
3）能为加工滑阀心轴编写正确的自动加工程序。
4）能熟练操作机床、独立加工出合格的滑阀心轴。
5）培养学生自觉遵守数控车工国家职业标准的要求和规定、规范加工操作、保持加工环境"7S"管理、精益求精的职业素养。
6）养成文明实践、精益求精的劳动精神。

学习载体

本项目加工滑阀心轴，零件图如图2-1所示。

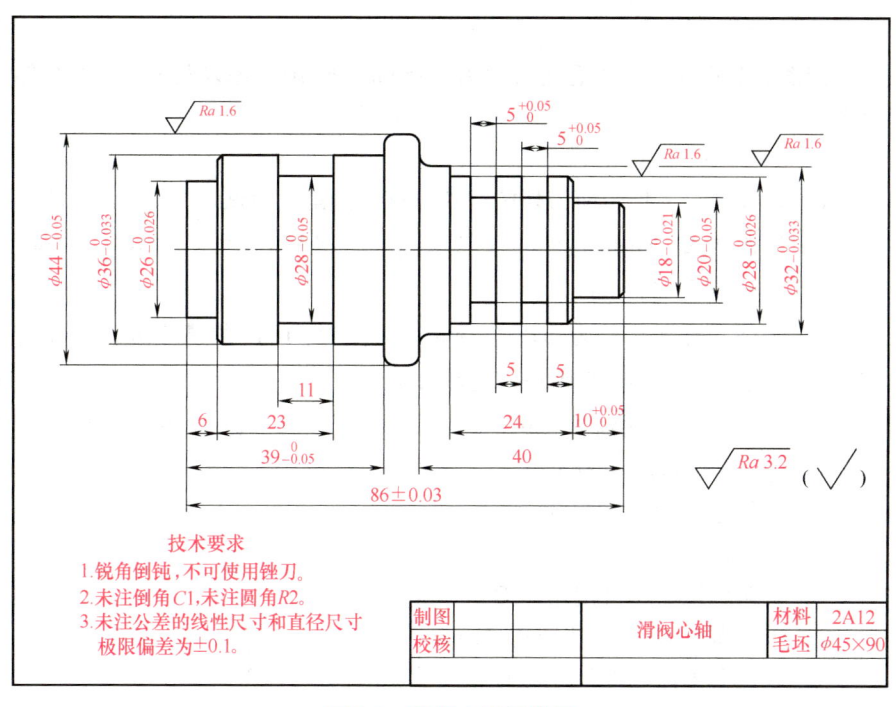

图 2-1　滑阀心轴零件图

任务一 制订滑阀心轴加工工艺

任 务 实 施

步骤一：识读图样

1. 标题栏

如图 2-1 所示，工件毛坯尺寸为 $\phi 45\text{mm} \times 90\text{mm}$，毛坯材料为 2A12 铝合金。

2. 分析尺寸

1) 该零件主要加工面为外圆、外直槽、倒角、圆弧。

2) 外圆尺寸 $\phi 26_{-0.026}^{0}\text{mm}$、$\phi 36_{-0.033}^{0}\text{mm}$、$\phi 44_{-0.05}^{0}\text{mm}$、$\phi 18_{-0.021}^{0}\text{mm}$、$\phi 28_{-0.026}^{0}\text{mm}$、$\phi 32_{-0.033}^{0}\text{mm}$。

3) 工件左端有直径为 $\phi 28_{-0.05}^{0}\text{mm}$、宽度为 11mm 的槽 1 处，右端有直径为 $\phi 20_{-0.05}^{0}\text{mm}$、宽度为 5mm 的槽 2 处。

4) 长度尺寸分别为 $39.5_{-0.05}^{0}\text{mm}$、$10_{0}^{+0.05}\text{mm}$ 以及 6mm、11mm、23mm、5mm、24mm、40mm。

5) 工件总长为 $86 \pm 0.03\text{mm}$。

3. 技术要求

1) 锐角倒钝，不可使用锉刀。

2) 未注倒角 C1，未注圆角 R2mm。

3) 未注公差的线性尺寸和直径尺寸极限偏差为 ±0.1mm。

步骤二：选择刀具

1) 93°外圆车刀 1 把。

2) 4mm 宽车槽刀 1 把。

步骤三：确定装夹方案

1. 夹具选择

选用自定心卡盘装夹。

2. 装夹顺序

1) 第一次装夹选择毛坯 $\phi 45\text{mm}$ 外圆一端，伸出卡盘长度>47mm（取50~55mm），加工工件左端外轮廓以及宽槽。

相 关 知 识

2-1 外沟槽的种类和作用

种类	矩形槽	圆弧形槽	梯形槽
示意图			
作用	使装配在轴上的零件有正确的轴向定位；车螺纹、磨削和插齿加工过程中做退刀用	用作滑轮和圆带传动的带轮沟槽	安装 V 带的沟槽

2-2 车削外沟槽的方法

类型	窄槽车削	宽槽车削
示意图		

2) 第二次装夹选择已经加工好的工件左端 $\phi 36mm$ 外圆,加工右端外轮廓及两处窄槽。

步骤四:制订加工工艺并填写工序卡

填写表 2-1 滑阀心轴加工工序卡。

表 2-1 滑阀心轴加工工序卡

零件名称		零件图号		系统		毛坯材料	
程序名称				使用夹具			

(续)

类型	窄槽车削	宽槽车削
车削方法	车削宽度较窄的槽,可用刀宽等于槽宽的车槽刀(等宽刀),采用一次直进法车出 如精度要求较高,可用二次直进法车出,第一次车槽时,槽壁两侧留精车余量,第二次用等宽刀修整	车削宽度较宽的槽,可用多次直进法切削,并在槽壁两侧留一定的精车余量,然后根据槽深、槽宽进行精车

2-3 车槽与切断的区别

车槽与切断的主要区别是车槽是在工件上车出所需形状和大小的沟槽,切断是把工件分离开来。车削矩形槽车刀的主切削刃必须与工件的素线平行,而切断刀的主切削刃与工件素线最好有一个夹角,也可以平行,如图 2-2 所示。

工序装夹图

工步	工步内容	刀具	切削用量		
			主轴转速 $n/(r/min)$	进给量 $f/(mm/r)$	背吃刀量 a_p/mm
1					
2					
3					
4					
5					
6					

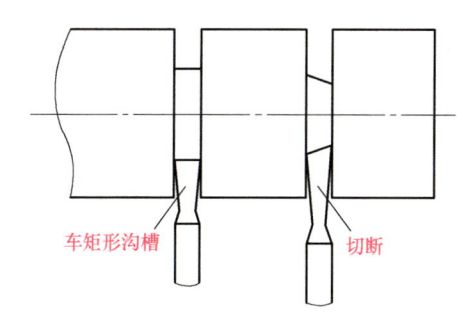

图 2-2 车槽和切断的车刀主切削刃与工件素线的关系示意图

2-4 车槽加工的特点

(1) 切削变形大 车槽时,由于车槽刀的主切削刃和左、右副切削刃同时参加切削,切屑排出时,会受槽两侧的摩擦、挤压作用,随着加工的深入,槽直径逐渐减小,切削速度也逐渐减小,挤压现象更为严重,导致切削变形增大。

(2) 切削力大　车槽过程中由于切屑与刀具、工件的摩擦，以及切削时被切金属塑性变形大，所以在切削用量相同的情况下，车槽的切削力相比车一般外圆时的切削力大 20%~25%。

(3) 切削热比较集中　车槽时，工件塑性变形大，摩擦剧烈，故产生的切削热也多。另外，车槽处于半封闭状态下工作，刀具切削部分的散热面积小，切削温度升高，使切削热集中在刀具切削刃上，因而会加剧刀具的磨损。

(4) 刀具刚性差　车槽刀的主切削刃宽度较窄（一般在 2~6mm），刀头狭长，所以刀具刚性差，加工时容易产生振动。

(5) 排屑困难　车槽时，切屑是在狭窄的槽内排出的，受到槽壁摩擦力的影响，切屑排出比较困难；并且断碎的切屑还可能卡塞在槽内，引起振动和损坏刀具。

2-5　车槽刀刀位点的确定

车槽刀有左、右两个刀尖及切削中心处的三个刀位点，在编写加工程序时，只能选择其中之一作为刀位点，通常选刀位点 1，如图 2-3 所示。

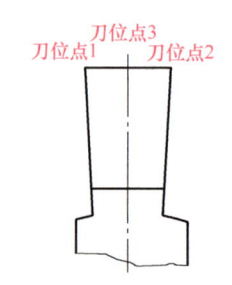

图 2-3　车槽刀刀位点的确定

2-6　切断和车外沟槽切削用量的选择

(1) 背吃刀量（a_p）　切断、车外沟槽一般均为横向进给切削，背吃刀量 a_p 是垂直于已加工表面方向所量得的切削层宽度。

(2) 进给量（f）　切断和车槽时，因为切断刀和车槽刀刀头刚性不足，所以不宜选较大的进给量

(3) 切削速度（v_c）　用高速钢车刀切断钢件时，$v_c = 30~40$m/min；切断铸铁件时，$v_c = 15~20$m/min；切断硬铝材料时，$v_c = 60~80$m/min。

任务测评

1. 知识测评

确定本任务的关键词,按重要程度进行关键词排序并举例解读。

根据自己对重要信息捕捉、排序、表达、创新和划分权重的能力进行自评,满分为100分,见表2-2。

表2-2 制订滑阀心轴加工工艺知识测评表

序号	关键词	举例解读	自评评分
1			
2			
3			
4			
5			
总分			

2. 能力测评

对表2-3所列作业内容进行测评,操作规范即得分,操作错误或未操作得零分。

表2-3 制订滑阀心轴加工工艺能力测评表

序号	能力点	配分	得分
1	识读图样	20	
2	选择刀具	10	
3	确定装夹方案	20	
4	制订加工工艺并填写工序卡	50	
	总分	100	

3. 素养测评

对表2-4所列素养点进行测评,做到即得分,未做到得零分。

表2-4 制订滑阀心轴加工工艺素养测评表

序号	素养点	配分	得分
1	学习纪律	20	
2	工具使用、摆放	20	
3	态度严谨认真、一丝不苟	20	
4	互相帮助、团队合作	20	
5	学习环境"7S"管理	20	
	总分	100	

4. 拓展训练

1)请列举出在制订滑阀心轴加工工艺过程中易出现的问题,分析产生问题的原因并制定解决方案。

2)请按下列思维导图格式,对制订滑阀心轴加工工艺的学习收获进行总结。

任务二 编制滑阀心轴加工程序

任 务 实 施

步骤一：工件基点计算

1. 左端外圆加工各基点计算

1）标出左端外圆加工各基点位置，如图 2-4 所示。

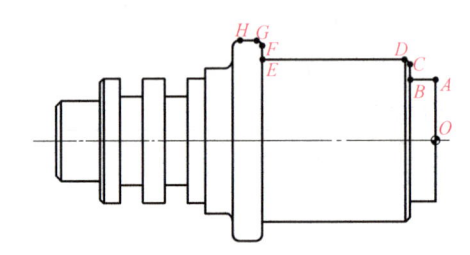

图 2-4 左端外圆加工各基点位置

2）左端外圆加工各基点的 X 坐标和 Z 坐标见表 2-5。

表 2-5 左端外圆加工各基点坐标

基点	X 坐标	Z 坐标	基点	X 坐标	Z 坐标
O	0	0	E	36.0	-39.0
A	26.0	0	F	40.0	-39.0
B	26.0	-6.0	G	44.0	-41.0
C	34.0	-6.0	H	44.0	-44.0
D	36.0	-7.0			

2. 宽槽加工基点计算

1）标出宽槽加工各基点位置，如图 2-6 所示。

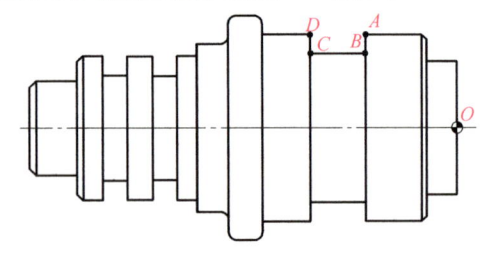

图 2-6 宽槽加工各基点位置

相 关 知 识

2-7 宽槽加工

宽槽加工应采用多次进给的方法完成粗加工，并在槽底和槽两侧留出一定的精车余量，然后根据槽底、槽宽尺寸进行精加工，刀具轨迹如图 2-5 所示。为简化编程，宽槽也可以采用 G75 切槽复合循环指令进行加工。

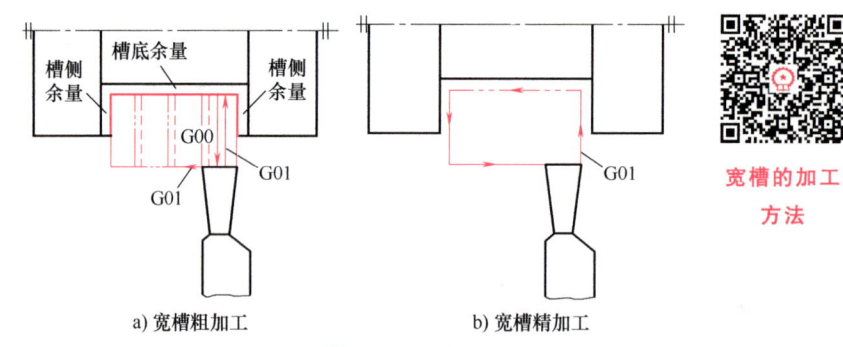

a) 宽槽粗加工 b) 宽槽精加工

图 2-5 宽槽加工刀具轨迹

宽槽的加工方法

2-8 G75 指令

（1）指令格式　G75　R(e)；
　　　　　　　　G75 X(U)　Z(W)　P(Δi)　Q(Δk)　R(Δd)　F(f)；

（2）参数说明（见图 2-8）

e：每次沿 Z 方向切削 Δi 后的退刀量；

X：C 点的 X 方向绝对坐标值；

U：A 点到 C 点的 X 方向增量；

Z：C 点的 Z 方向绝对坐标值；

W：A 点到 C 点的 Z 方向增量；

Δi：X 方向的每次循环移动量（无符号，单位为 μm）；

Δk：Z 方向的每次切削移动量（无符号，单位为 μm）；

G75 切槽走刀路线

2) 宽槽加工各基点的 X 坐标和 Z 坐标，见表 2-6。

表 2-6　宽槽加工各基点坐标

基点	X 坐标	Z 坐标	基点	X 坐标	Z 坐标
O	0	0	C	28.0	-29.0
A	36.0	-18.0	D	36.0	-29.0
B	28.0	-18.0			

3. 右端外圆加工各基点计算

1) 标出右端外圆加工各基点位置，如图 2-7 所示。

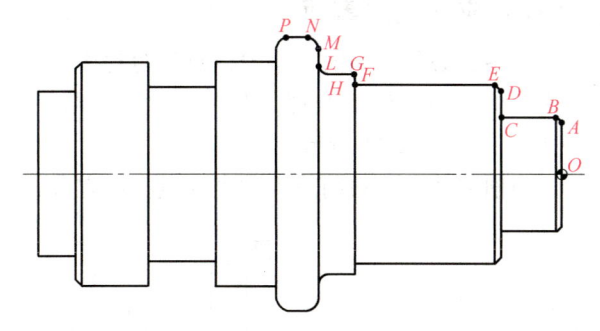

图 2-7　右端外圆加工各基点位置

2) 右端外圆加工各基点的 X 坐标和 Z 坐标见表 2-7。

表 2-7　右端外圆加工各基点坐标

基点	X 坐标	Z 坐标	基点	X 坐标	Z 坐标
O	0	0	G	32.0	-34.0
A	16.0	0	H	32.0	-38.0
B	18.0	-1.0	L	36.0	-40.0
C	18.0	-10.0	M	38.0	-40.0
D	26.0	-10.0	N	44.0	-42.0
E	28.0	-11.0	P	44.0	-45.0
F	28.0	-34.0			

4. 窄槽加工各基点计算

1) 标出窄槽加工各基点位置，如图 2-10 所示。

Δd：切削到终点时 Z 方向的退刀量，通常不指定，省略 Δd 时，则视为 0；

f：进给速度。

（3）指令功能　径向切槽复合循环指令，用于外径/内径的断续切削。

（4）循环路线（见图 2-8）

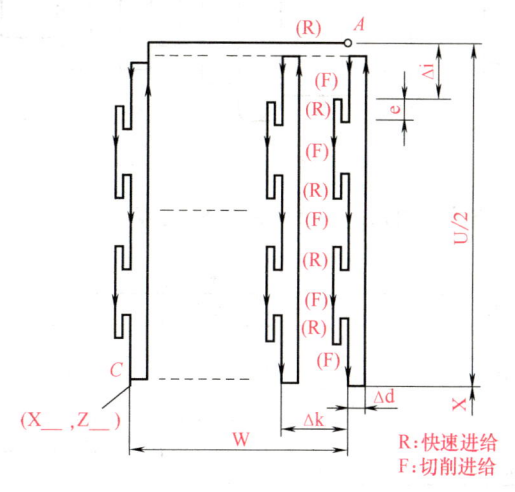

图 2-8　G75 切槽复合循环的循环路线

（5）注意事项

1) 对于程序段中的 Δi、Δk 值，在 FANUC 系统中，不能输入小数点，而直接输入最小编程单位，如 P1500 表示径向每次背吃刀量为 1.5mm。

2) 最后一次背吃刀量和最后一次 Z 向偏移量均由系统自行计算。

2-9　窄槽加工

加工窄槽时，可以用刀头宽度等于槽宽的车槽刀，一次进给车出，如图 2-9 所示。

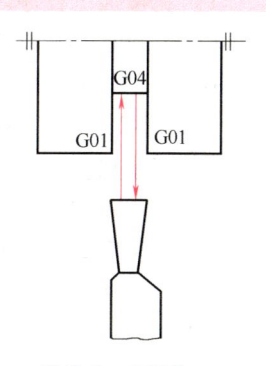

图 2-9　窄槽加工

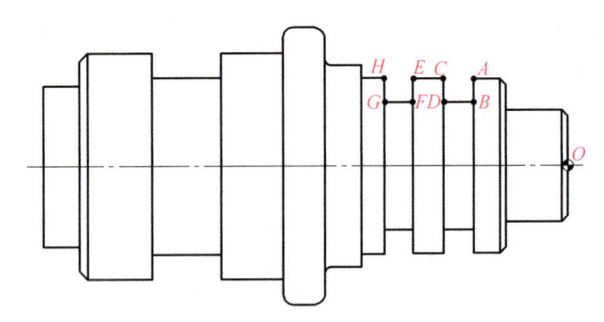

图 2-10 窄槽加工各基点位置

2) 窄槽加工各基点的 X 坐标和 Z 坐标见表 2-8。

表 2-8 窄槽加工各基点坐标

基点	X 坐标	Z 坐标	基点	X 坐标	Z 坐标
O	0	0	E	28.0	-25.0
A	28.0	-15.0	F	20.0	-25.0
B	20.0	-15.0	G	28.0	-30.0
C	28.0	-20.0	H	20.0	-30.0
D	20.0	-20.0			

步骤二：确定槽加工指令

1. 确定循环指令

1) 宽槽加工：G75 径向车槽循环指令。
2) 窄槽加工：G01 直线插补指令。

2. 编制槽加工程序

1) 宽槽加工程序。

G00　X40　Z-22.3　M08；
G75　R0.5；
G75　X28.5　Z-28.7　P2500　Q3800　F0.08；

2) 窄槽加工程序。

G00　X34　Z-19.3；
G01　X20.5　F0.08；
G01　X34　F0.2；
G01　Z-19.7；
G01　X20.5　F0.08；

2-10　G04 指令

（1）指令格式　G04　X＿＿；

或 G04　P＿＿；

（2）参数说明

X 后面可用带小数点的数，单位为 s，如 G04 X2.5 表示前一程序段执行完后，要经过 2.5s 的进给暂停，才能执行下面的程序段。

P 后面不允许有小数点，单位为 ms，如 G04 P2000 表示暂停 2s。

（3）指令功能　暂停指令，用于在车槽刀车至槽底时，让车槽刀停留一定时间，使槽底更加光滑、平整。

2-11　车槽编程中应注意的事项

1) 在整个加工中，必须采用同一个刀位点编写程序。
2) 注意车槽后的退刀路线要合理，避免产生刀具与工件的碰撞，造成刀具及工件的损坏，如图 2-11 所示。
3) 车槽时，切削刃宽度、切削速度和进给量都不宜太大。

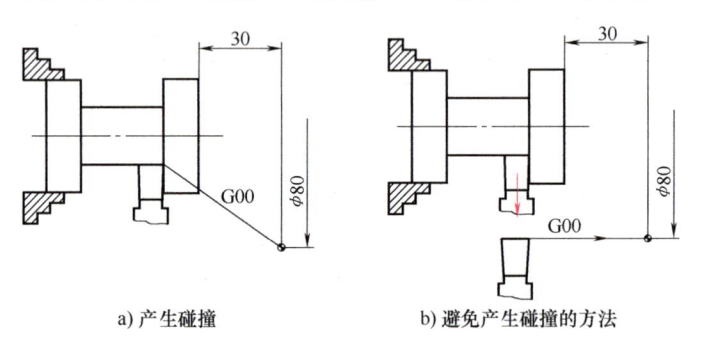

a) 产生碰撞　　　　b) 避免产生碰撞的方法

图 2-11 车槽时退刀产生碰撞示意图

2-12　G02/G03 圆弧插补指令

（1）指令格式　G02/G03　X(U)＿＿Z(W)＿＿R＿＿F＿＿；

或 G02/G03　X(U)＿＿Z(W)＿＿I＿＿K＿＿F＿＿；

（2）参数说明

X(U)、Z(W)：圆弧的终点坐标，其值可以是绝对坐标，也可以是增量坐标；

R：圆弧半径，当圆弧所对的圆心角为 0°~180°时，R 取

G02、G03 圆弧插补指令

G01　X34　F0.2；
G01　Z-29.3；
G01　X20.5　F0.08；
G01　X34　F0.2；
G01　Z-29.7；
G01　X20.5　F0.08；
G01　X34　F0.2；

步骤三：编制加工程序

1. 工件左端外圆加工参考程序（见表2-9）

表2-9　工件左端外圆加工参考程序

程序段号	程序内容	说明
\multicolumn{3}{c}{程序号O0201（加工工件左端外圆，工件坐标系XOZ）}		
N10	T0101；	调用1号外圆车刀
N20	G99　M03　S1000；	主轴正转,转速为1000r/min
N30	G00　X100　Z100；	刀具快速定位
N40	G00　X47　Z2；	快速定位，准备粗加工
N50	G71　U1　R0.5；	每次背吃刀量1mm，退刀量0.5mm
N60	G71　P70　Q170　U0.5　W0.05　F0.2；	
N70	G0　X25；	精加工路径第一程序段
N80	G01　Z0；	
N90	X26　Z-0.5；	倒角
N100	Z-6；	
N110	X34；	
N120	X36　Z-7；	倒角
N130	Z-39；	
N140	X40；	
N150	G03　X44W-2　R2；	加工R2mm圆弧
N160	W-4；	加工直线
N170	X47；	精加工路径最后程序段
N180	G00　X100　Z100；	刀具快速定位
N190	T0101　M03　S1400；	设定精加工转速为1400r/min
N200	G00　X47　Z2；	
N210	G70　P7　Q17　F0.1；	
N220	G00　X100　Z100；	
N230	M00；	主轴停止
N240	M30；	程序结束

正值，当圆弧所对的圆心角为180°～360°时，R取负值；

I、K：圆弧的圆心相对于起点分别在 X 和 Z 坐标轴上的增量值；

F：进给速度。

（3）指令功能　使刀具相对于工件以指令的速度从当前点（起始点）向终点进行圆弧插补。

（4）G02/G03 的判别

G02为顺时针圆弧插补，G03为逆时针圆弧插补，在判定圆弧的顺、逆方向时，一定要注意刀架的位置，如图2-12所示。

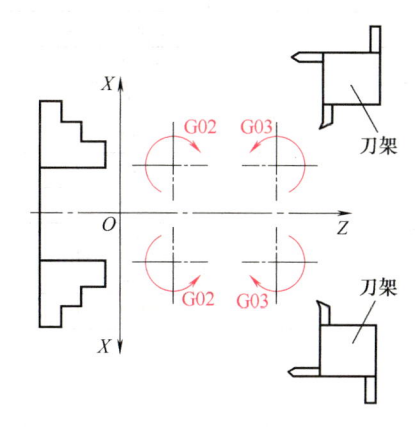

图2-12　G02/G03 的判别

2-13　G02 编程实例

编写图2-13中 $R8$mm 圆弧的精加工程序。

方法一：用 I、K 表示圆心位置，绝对值编程，程序如下：

G00　X20.0　Z2.0；

G01　Z-22.0　F0.2；

G02　X36.0　Z-30.0　I8.0　K0　F0.1；

增量值编程，程序如下：

G00　U-180.0　W-98.0；

G01　W-24.0　F0.2；

G02　U16.0　W-8.0　I8.0　K0　F0.1；

方法二：用 R 表示圆心位置，程序如下：

G00　X20.0　Z2.0；

2. 编制左端宽槽加工参考程序（见表2-10）

表2-10　左端宽槽加工参考程序

程序段号	程序内容	程序段号	程序内容
\multicolumn{4}{c}{程序号 O0102（加工工件左端宽槽）}		

程序段号	程序内容	程序段号	程序内容
N10		N150	
N20		N160	
N30		N170	
N40		N180	
N50		N190	
N60		N200	
N70		N210	
N80		N220	
N90		N230	
N100		N240	
N110		N250	
N120		N260	
N130		N270	
N140		N280	

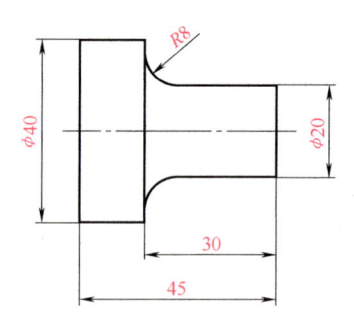

3. 编制工件右端外圆加工参考程序（见表2-11）

表2-11　工件右端外圆加工参考程序

程序号 O0203（加工工件右端外圆）

程序段号	程序内容	程序段号	程序内容
N10		N150	
N20		N160	
N30		N170	
N40		N180	
N50		N190	
N60		N200	
N70		N210	
N80		N220	
N90		N230	
N100		N240	
N110		N250	
N120		N260	
N130		N270	
N140		N280	

G01　Z-22.0　F0.2；
G02　X36.0　Z-30.0　R8.0　F0.1；

图 2-13　顺时针圆弧插补

4. 编制工件右端外直槽加工参考程序（见表2-12）

表2-12 工件右端外直槽加工参考程序

程序号 O0204（加工工件右端外直槽）			
程序段号	程序内容	程序段号	程序内容
N10		N150	
N20		N160	
N30		N170	
N40		N180	
N50		N190	
N60		N200	
N70		N210	
N80		N220	
N90		N230	
N100		N240	
N110		N250	
N120		N260	
N130		N270	
N140		N280	

任务测评

1. 知识测评

确定本任务的关键词，按重要程度进行关键词排序并举例解读。

根据自己对重要信息捕捉、排序、表达、创新和划分权重的能力进行自评，满分为100分，见表2-13。

表2-13 编制滑阀心轴加工程序知识测评表

序号	关键词	举例解读	自评评分
1			
2			
3			
4			
5			
总分			

2. 能力测评

对表2-14所列作业内容进行测评，操作规范即得分，操作错误或未操作得零分。

表2-14 编制滑阀心轴加工程序能力测评表

序号	能力点	配分	得分
1	工件基点计算	30	
2	确定槽加工指令	30	
3	编制加工程序	40	
总分		100	

3. 素养测评

对表2-15所列素养点进行测评，做到即得分，未做到得零分。

表2-15 编制滑阀心轴加工程序素养测评表

序号	素养点	配分	得分
1	学习纪律	20	
2	工具使用、摆放	20	
3	态度严谨认真、一丝不苟	20	
4	互相帮助、团队合作	20	
5	学习环境"7S"管理	20	
总分		100	

4. 拓展训练

1）请列举出在编制滑阀心轴加工程序过程中易出现的问题，分析产生问题的原因并制定解决方案。

2）请按下列思维导图格式，对编制滑阀心轴加工程序的学习收获进行总结。

任务三 加工滑阀心轴

任务实施

步骤一：加工准备工作

仔细检查工、量具以及机床的准备情况，填写表2-16和表2-17。

表2-16 工、量具的准备

检查内容	工具	刀具	量具	毛坯
检查情况				

注：经检查后该项完好，在相应项目下打"√"；若出现问题应及时调整。

表2-17 机床的准备

检查部分	机械部分				电气部分			数控系统部分		辅助部分	
	主轴部分	进给部分	刀架部分	尾座	主电源	冷却风扇	电器元件	控制部分	驱动部分	冷却	润滑
检查情况											

注：经检查后该项完好，在相应项目下打"√"；若出现问题应及时报修。

步骤二：加工滑阀心轴

按照表2-18所列的操作流程，操作数控车床，完成滑阀心轴的加工。

表2-18 滑阀心轴加工操作流程

加工零件	滑阀心轴	设备编号	F01
		设备名称	数控车床
		操作员	

操作项目	操作步骤	操作要点
开始	1）装夹工件 2）装夹刀具	工件伸出长度应合适，刀具安装角度应准确
对刀试切	1）试切端面外圆 2）测量并输入刀补	用MDI方式执行刀补，可通过检查刀尖位置与坐标显示是否一致检查刀补的正确性

相关知识

2-14 车槽刀安装的注意事项

1）安装车槽刀时，底面应清洁，无黏着物。
2）车槽刀伸出长度应尽可能短，以增加刀具的刚性，而且主切削刃应与机床轴线平行。

车槽刀的安装

2-15 车槽刀对刀

1）车槽刀对刀一般在外圆车刀对好之后进行。
2）Z方向对刀：工件旋转，以车槽刀左侧刀尖轻碰工件右端面，此时输入Z0，如图2-14a所示。
3）X方向对刀：工件旋转，以车槽刀轻碰已加工好的外圆，此时输入外圆的实际尺寸，如图2-14b所示。

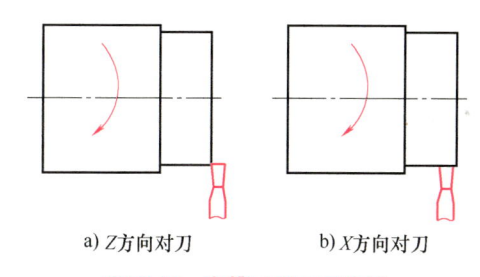

a）Z方向对刀　　b）X方向对刀

图2-14 车槽刀对刀示意图

2-16 槽加工注意事项

1）以工件精车后的左、右端面中心为编程原点。
2）车槽时注意刀具宽度，须先用千分尺测出刀宽后再编程及加工。
3）加工时可用数控系统提供的磨耗补偿功能对尺寸进行修正，也可以通过修改程序坐标值对尺寸进行修正。
4）加工时若工件排屑不畅，可适当降低主轴转速和提高刀具进给速度。
5）加工时若出现刀具振动产生的响声，可适当降低主轴转速。

(续)

操作项目	操作步骤	操作要点
输入、编辑程序	编辑方式下,完成程序的输入	注意程序代码、指令格式,输好后对照原程序检查一遍
空运行检查	在自动方式下用MST辅助功能将机床锁住,打开空运行,调出图形窗口,设置好图形参数,开始执行空运行检查	检查刀路轨迹与编程轮廓是否一致,结束空运行后,注意回到机床初始坐标状态
单段试运行	自动加工开始前,先按下"单段循环"键,然后按下"循环启动"按钮	单段循环开始时,进给及快速倍率由低到高,运行中主要检查刀尖位置和程序轨迹是否正确
自动连续加工	关闭"单段循环"功能,执行连续加工	注意监控程序的运行。如发现加工异常,按进给保持键。处理好后,恢复加工
刀具补偿调整尺寸	粗车后,加工暂停,根据实测工件尺寸,进行刀补的修正	实测工件尺寸,如偏大,用负值修正刀偏,反之用正值修正刀偏

6)车槽时若在槽底中间位置接刀,应对刀具补偿值进行调整,以避免槽底出现接刀痕。

7)应充分考虑工件毛刺和由于刀尖圆弧半径形成的工件根部圆弧对测量结果的影响。

任务测评

1. 知识测评

确定本任务的关键词，按重要程度进行关键词排序并举例解读。

根据自己对重要信息捕捉、排序、表达、创新和划分权重的能力进行自评，满分为100分，见表2-19。

表2-19 加工滑阀心轴知识测评表

序号	关键词	举例解读	自评评分
1			
2			
3			
4			
5			
总分			

2. 能力测评

对表2-20所列作业内容进行测评，操作规范即得分，操作错误或未操作得零分。

表2-20 加工滑阀心轴能力测评表

序号	能力点	配分	得分
1	加工准备工作	30	
2	加工滑阀心轴	70	
	总分	100	

3. 素养测评

对表2-21所列素养点进行测评，做到即得分，未做到得零分。

表2-21 加工滑阀心轴素养测评表

序号	素养点	配分	得分
1	学习纪律	20	
2	工具使用、摆放	20	
3	态度严谨认真、一丝不苟	20	
4	互相帮助、团队合作	20	
5	学习环境"7S"管理	20	
	总分	100	

4. 拓展训练

1）请列举出在加工滑阀心轴过程中易出现的问题，分析产生问题的原因并制定解决方案。

2）请按下列思维导图格式，对加工滑阀心轴的学习收获进行总结。

任务四 检测滑阀心轴

任务实施

步骤一：检测准备工作

仔细校验所需量具，填写表2-22。

表2-22 量具校验

检查内容	0~150mm 游标尺寸	0~25mm 千分尺	25~50mm 千分尺
检查情况			

注：经检查后该项完好，在相应项目下打"√"；若出现问题应及时调整。

步骤二：检测滑阀心轴

检测滑阀心轴并填写表2-23。

表2-23 滑阀心轴加工质量评分表

序号	项目	内容	配分	评分标准	检测结果	得分
1	直径	$\phi 26_{-0.026}^{0}$ mm	7	超差0.01mm扣1分，扣完为止		
2		$\phi 36_{-0.033}^{0}$ mm	7			
3		$\phi 44_{-0.05}^{0}$ mm	7			
4		$\phi 18_{-0.021}^{0}$ mm	7			
5		$\phi 28_{-0.026}^{0}$ mm	7			
6		$\phi 32_{-0.033}^{0}$ mm	7			
7		$\phi 20_{-0.05}^{0}$ mm（2处）	10			
8		$\phi 28_{-0.05}^{0}$ mm	6			
9	长度	86±0.03mm	6	超差0.01mm扣1分，扣完为止		
10		$39_{-0.05}^{0}$ mm	6			
11		$10_{0}^{+0.05}$ mm	6			
12		$5_{0}^{+0.05}$ mm（2处）	8			
13		6mm、23mm、11mm、24mm、40mm、5mm、5mm	7	超差不得分		
14	圆弧	R2mm	3	超差不得分		
15	其他	倒角 3 处	3	超差不得分		
16		Ra1.6μm（3处）	3	超差不得分		
		综合得分	100			

相关知识

2-17 外圆加工误差分析

问题现象	产生原因	预防和消除
槽的一侧或两个侧面出现小台阶	（1）刀具数据不准确 （2）程序错误	（1）调整或重新设定刀具数据 （2）检查、修改加工程序
槽底出现倾斜	刀具安装不正确	正确安装刀具
槽的侧面呈现凹凸面	（1）刀具刃磨角度不对称 （2）刀具安装角度不对称 （3）刀具两刀尖损坏不对称	（1）更换刀片 （2）重新刃磨刀具 （3）更换刀具
槽的两个侧面倾斜	刀具磨损	重新刃磨刀具或更换刀片
出现刀具振动现象，槽底留有振纹	（1）刀具装夹刚性不够 （2）刀具安装不正确 （3）切削参数不正确 （4）程序延时时间太长	（1）检查工件安装情况，增加安装刚性 （2）调整刀具安装位置 （3）调整切削速度 （4）缩短程序延时时间
切削过程中出现扎刀现象，造成刀具断裂	（1）进给速度过快 （2）切屑堵塞	（1）降低进给速度 （2）采用断、退屑方式切入

任务测评

1. 知识测评

确定本任务的关键词，按重要程度进行关键词排序并举例解读。

根据自己对重要信息捕捉、排序、表达、创新和划分权重的能力进行自评，满分为100分，见表2-24。

表2-24　检测滑阀心轴知识测评表

序号	关键词	举例解读	自评评分
1			
2			
3			
4			
5			
		总分	

2. 能力测评

对表2-25所列作业内容进行测评，操作规范即得分，操作错误或未操作得零分。

表2-25　检测滑阀心轴能力测评表

序号	能力点	配分	得分
1	检测准备工作	30	
2	检测滑阀心轴	70	
	总分	100	

3. 素养测评

对表2-26所列素养点进行测评，做到即得分，未做到得零分。

表2-26　检测滑阀心轴素养测评表

序号	素养点	配分	得分
1	设备及工、量具检查	25	
2	加工安全防护	25	
3	量具清洁校准	25	
4	工位摆放"5S"管理	25	
	总分	100	

4. 拓展训练

1）请列举出在检测滑阀心轴过程中易出现的问题，分析产生问题的原因并制定解决方案。

2）请按下列思维导图格式，对检测滑阀心轴的学习收获进行总结。

学习成果

一、成果描述

根据所学,识读图 2-15 所示的滑阀心轴零件图并根据图样进行加工。

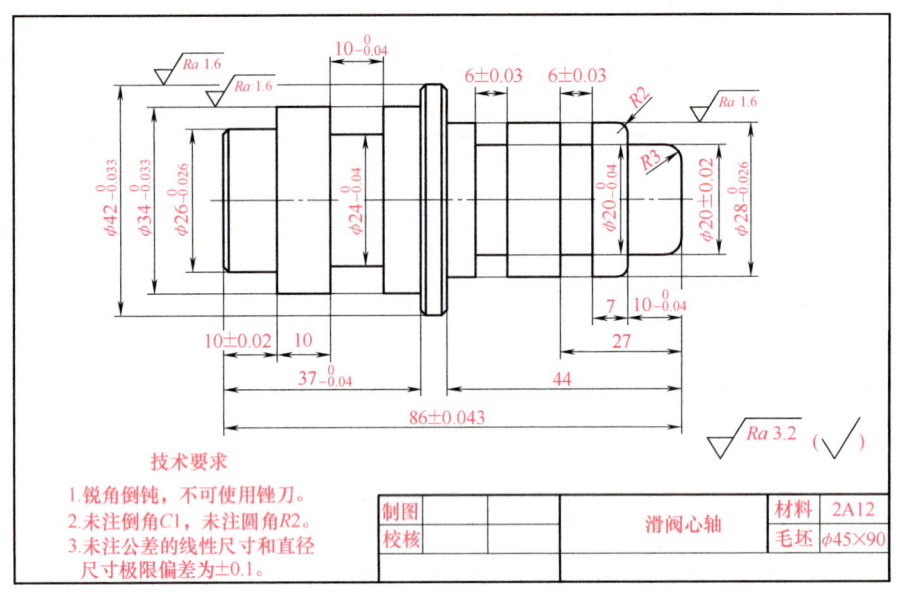

图 2-15 滑阀心轴零件图

二、实施准备

(一)学生准备

学生在按照教学进度计划已经完成了以下学习任务并达到了 75 分以上后,可进行该学习成果的实施。

1) 理解并完成学习成果需要的相关知识和方法的学习,得分>75 分。
2) 运用学习成果需要的相关知识和方法进行作业,得分>75 分。
3) 按时、按质、按量完成相应作业,得分>80 分。
4) 具有自觉遵守技术标准的要求和规定、规范操作、安全、环保、"7S"作业、团结协作的好习惯,得分>80 分。
5) 能制订滑阀心轴加工工艺并进行加工。

(二)教师准备

1) 在安排学生实施学习成果前,通过课堂问题研讨、作业、实训和考核及其他方式,确认学生已经具备了实施学习成果所需的知识、技能和素养,并确保学生独立进行操作。
2) 对学生自评、小组互评、教师评价进行测评方法培训,明确评价的意义和重要性,确保测评结果的准确性和公平性。
3) 准备好测评记录。

三、考核方法与标准

1) 评价监管:组长监控小组成员自评结果,教师监控小组互评结果,教师最终评价。
2) 详细记录学生在实施学习成果过程中的方法步骤、完成时间以及出现错误等情况,要求在 150min 内完成。
3) 考核内容及标准见表 2-27。

表 2-27 考核内容及标准

序号	项目	内容	配分	评分标准	检测结果	得分
1	直径	$\phi 42_{-0.033}^{0}$ mm	7	超差 0.01mm 扣 1 分,扣完为止		
2		$\phi 34_{-0.033}^{0}$ mm	7			
3		$\phi 26_{-0.026}^{0}$ mm	7			
4		$\phi 24_{-0.04}^{0}$ mm	7			
5		$\phi 20_{-0.04}^{0}$ mm(2 处)	8			
6		$\phi 20 \pm 0.02$ mm	6			
7		$\phi 28_{-0.026}^{0}$ mm	6			
8	长度	86 ± 0.043 mm	6			
9		10 ± 0.02 mm	6			
10		$37_{-0.04}^{0}$ mm	6			
11		$10_{-0.04}^{0}$ mm	6			
12		6 ± 0.03 mm(2 处)	8			
13		10mm、7mm、27mm、44mm	5	超差 1 处扣 1 分		
14	圆弧	$R2$ mm、$R3$ mm	6	超差 1 处扣 3 分		
15	表面粗糙度	$Ra1.6\mu m$(3 处)	6	超差 1 处扣 2 分		
16	其他	倒角(3 处)	3	超差 1 处扣 1 分		
		综合得分	100			

拓展阅读——宋彪：世界技能大赛最高奖项"阿尔伯特·维达"奖获得者

2017年，江苏省常州技师学院学生宋彪获得了第44届世界技能大赛最高奖项——"阿尔伯特·维达"奖。宋彪是1950年正式设立世界技能大赛以来首位获得最高奖项的中国人。

能够站在领奖台上，背后付出的要比别人多出很多。宋彪的中考成绩很不理想，想要上高中基本不可能，于是宋彪选择了江苏省常州技师学院的机械工程模具设计与制造专业进行学习。

就读技师学院后，为了让自己变得优秀，宋彪暗暗在心里鼓励自己，不要怕犯错，也不要怕老师批评，一定要多动手、多请教，让自己奔着专家的目标去努力。从此之后，每次课堂实践，宋彪都抢着给老师当助手。下课之后，他会追着老师问问题，随身带着笔记本，想到什么就记下来。后来他觉得还是不够，干脆找老师要了车间的钥匙，只要没事就往车间跑，不浪费任何一点练习的时间。

随着时间的流逝，经历过市赛、省赛、国赛，宋彪终于有机会代表中国队出征第44届世界技能大赛。开赛之前，宋彪稳住情绪，告诉自己不要紧张，必须和平时训练一样放松。在一众老将之中，19岁的宋彪非常稚嫩。工匠的专业水平往往和年龄挂钩，但是宋彪坚信初生牛犊不怕虎，自己年龄虽小，但技术成熟，不怕任何挑战。

比赛时间为20小时，分4天进行，宋彪制作的作品是一台净水器，每个环节都由他自己亲手操作。到了第4天的时候，忽然出了意外，裁判出了问题，导致宋彪开始工作的时间比其他选手晚了足足半小时。在这种收尾的时刻，晚一秒都可能造成天壤之别。宋彪一开始非常生气，但是没过多久，他就稳住了自己的心态，他告诉自己不要慌，越是紧张，越要镇定，就当什么都没有发生过！

就这样，在受到干扰的情况下，宋彪依然领先别人一步完成了作品。验收的过程中，宋彪亲自用自己做的净水器给自己接了一口水。一口水喝进去，宋彪4天的紧张顿时消失了，他觉得一切都值得了，自己做出了一件完美的作品。

很快，大赛宣布了最终结果，19岁的宋彪获得工业机械装调项目的冠军！年轻的冠军在众人的簇拥中登上了领奖台，那一刻激动的宋彪不知道该说什么，最后口中喊出的是"中国"两个字。此时此刻，在异国他乡，这个19岁的少年成了为国争光的大英雄。

项目三 球形换档把手的数控车削加工

项目描述

依据数控车工国家职业标准的相关规定制订球形换档把手加工工艺、编制加工程序、加工出合格的工件，并进行检测。

项目要求

1) 制订球形换档把手加工工艺。
2) 编制球形换档把手加工程序。
3) 按图样要求加工球形换档把手并进行检测。

学习目标

1) 能按照数控车工国家职业标准规定，正确制订球形换档把手的加工工艺。
2) 能为加工出合格的球形换档把手选择合适的刀具、量具、工具。
3) 能为加工球形换档把手编写正确的自动加工程序。
4) 能熟练操作机床，独立加工出合格的球形换档把手。
5) 培养学生自觉遵守数控车工国家职业标准的要求和规定、规范加工操作、保持加工环境"7S"管理、精益求精的职业素养。
6) 培养热爱劳动、敬畏劳动、勇于创新的精神。

学习载体

本项目加工球形换档把手，零件图如图3-1所示。

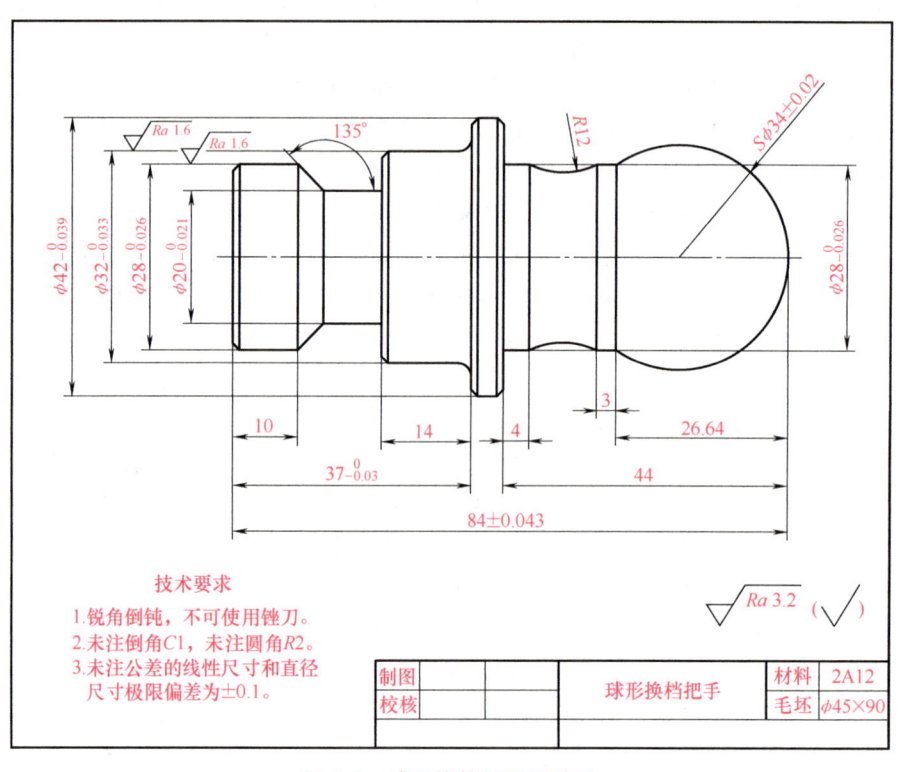

图 3-1 球形换档把手零件图

任务一　制订球形换档把手加工工艺

任务实施

步骤一：识读图样

1. 标题栏

如图 1-1 所示，工件毛坯尺寸为 $\phi 45\text{mm} \times 90\text{mm}$，毛坯材料为 2A12 铝合金。

2. 分析尺寸

1) 该零件主要加工面为台阶、外圆、球面、圆锥、倒角等。

2) 外圆尺寸 $\phi 20_{-0.021}^{0}\text{mm}$、$\phi 28_{-0.026}^{0}\text{mm}$、$\phi 32_{-0.033}^{0}\text{mm}$、$\phi 42_{-0.039}^{0}\text{mm}$、$\phi 28_{-0.026}^{0}\text{mm}$ 以及 $R12\text{mm}$、$S\phi 34 \pm 0.02\text{mm}$。

3) 长度方向尺寸为 $37_{-0.03}^{0}\text{mm}$、10mm、14mm、4mm、3mm、26.64mm、44mm。

4) 工件总长尺寸为 $84 \pm 0.043\text{mm}$。

3. 技术要求

1) 锐角倒钝，不可使用锉刀。

2) 未注倒角 $C1$，未注圆角 $R2\text{mm}$。

3) 未注公差的线性尺寸和直径尺寸极限偏差为 $\pm 0.1\text{mm}$。

步骤二：选择刀具

1) 93°外圆车刀 1 把。

2) 4mm 宽车槽刀 1 把。

步骤三：确定装夹方案

1. 夹具选择

选用自定心卡盘装夹。

2. 装夹顺序

1) 第一次装夹选择工件左端，夹住毛坯 $\phi 45\text{mm}$ 外圆，伸出卡盘长度 $>42\text{mm}$（一般取 $46 \sim 50\text{mm}$），加工工件的左端外轮廓。

2) 第二次装夹选择已经加工好的工件左端 $\phi 32\text{mm}$ 外圆，加工工件右端外轮廓。

相关知识

3-1　圆弧加工刀具的选择依据

圆弧的种类	刀具的选择依据
不同形状的圆弧加工	加工凸圆弧时应考虑刀具的副后角大于圆弧终点处的切入角，加工凹圆弧时应考虑刀具的副后角大于圆弧起点的切入角，如图 3-2 所示 a) 加工凸圆弧　　b) 加工凹圆弧 **图 3-2　圆弧加工**
不同精度要求的圆弧加工	圆弧尺寸精度要求不高时，一般选用一把 $R0.2\text{mm}$ 左右的偏刀，不加刀补加工；对圆弧连接及尺寸精度有特殊要求时，选用成形车刀，通过加刀尖补偿的方式进行试切和精加工
半径较小的圆弧加工	如图 3-3 所示，小圆弧通常选用一般等半径的成形车刀采用直进法加工 **图 3-3　小圆弧**

步骤四：制订加工工艺并填写工序卡

填写表 3-1 球形换档把手加工工序卡。

表 3-1　球形换档把手加工工序卡

零件名称		零件图号		系统		加工材料	
程序名称				使用夹具			

工序装夹图

工步	工步内容	刀具	切削用量		
			主轴转速 $n/(r/min)$	进给量 $f/(mm/r)$	背吃刀量 a_p/mm
1					
2					
3					
4					
5					
6					
7					

3-2　成形轴的加工方法

成形轴的加工一般分为粗加工和精加工。

成形轴的粗加工与一般外圆、锥面的加工不同。曲线加工的切削用量不均匀，背吃刀量过大，容易损坏刀具，在粗加工中要考虑加工路线和切削方法。

成形轴加工的总体原则是在保证背吃刀量尽可能均匀的情况下，减少走刀次数及空行程。

3-3　刀具补偿功能的定义

在数控编程过程中，一般不考虑刀具的长度与刀尖圆弧半径，而只需考虑刀位点与编程轨迹重合。但在实际加工过程中，由于刀尖圆弧半径与刀具长度各不相同，在加工中会产生很大的加工误差。因此，实际加工时必须通过刀具补偿指令，使数控机床根据实际使用的刀具尺寸，自动调整各坐标轴的移动量，确保实际加工轮廓和编程轨迹完全一致。

数控机床根据刀具实际尺寸，自动改变机床坐标轴或刀具刀位点位置，使实际加工轮廓和编程轨迹完全一致的功能，称为刀具补偿（系统画面上为"刀具补正"）功能。

数控车床的刀具补偿分为刀具偏置（也称为刀具位置补偿）和刀具圆弧半径补偿两种。

3-4　刀位点的概念

刀位点是指编制程序和加工时，用于表示刀具特征的点，也是对刀和加工的基准点。

数控车刀的刀位点如图 3-4 所示，尖形车刀的刀位点通常是指刀具的刀尖，圆弧形车刀的刀位点是指圆弧刃的圆心，成形车刀的刀位点通常也是指刀尖。

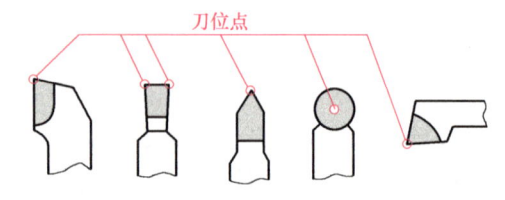

图 3-4　数控车刀的刀位点

3-5 刀尖圆弧半径补偿的定义

在实际加工中,由于刀具产生磨损及精加工的需要,常将车刀的刀尖修磨成半径较小的圆弧,这时的刀位点为刀尖圆弧的圆心。为确保工件轮廓形状,加工时刀尖圆弧的圆心运动轨迹不能与被加工工件轮廓重合,而应与工件轮廓偏置一个半径值,这种偏置称为刀尖圆弧半径补偿。

目前,较多车床数控系统都具有刀尖圆弧半径补偿功能。在编程时,只要按工件轮廓进行编程,再通过系统补偿一个刀尖圆弧半径即可。

3-6 假想刀尖与刀尖圆弧半径

在理想状态下,将尖形车刀的刀位点假想成一个点,该点即为假想刀尖(见图3-5中的A点),在对刀时也是以假想刀尖进行对刀。但实际加工中的车刀,由于工艺或其他要求,刀尖往往不是一个理想的点,而是一段圆弧,如图3-5中的BC圆弧。

实际加工中,所有车刀均有大小不等或近似的刀尖圆弧,假想刀尖是不存在的。

刀尖圆弧半径是指车刀刀尖圆弧所构成的假想圆半径(图3-5中的r)。

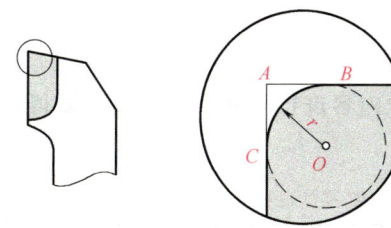

图 3-5 假想刀尖示意图

任务测评

1. 知识测评

确定本任务的关键词，按重要程度进行关键词排序并举例解读。

根据自己对重要信息捕捉、排序、表达、创新和划分权重的能力进行自评，满分为100分，见表3-2。

表3-2 制订球形换挡把手加工工艺知识测评表

序号	关键词	举例解读	自评评分
1			
2			
3			
4			
5			
总分			

2. 能力测评

对表3-3所列作业内容进行测评，操作规范即得分，操作错误或未操作得零分。

表3-3 制订球形换挡把手加工工艺能力测评表

序号	能力点	配分	得分
1	识读图样	20	
2	选择刀具	10	
3	确定装夹方案	20	
4	制订加工工艺并填写工序卡	50	
	总分	100	

3. 素养测评

对表3-4所列素养点进行测评，做到即得分，未做到得零分。

表3-4 制订球形换挡把手加工工艺素养测评表

序号	素养点	配分	得分
1	学习纪律	20	
2	工具使用、摆放	20	
3	态度严谨认真、一丝不苟	20	
4	互相帮助、团队合作	20	
5	学习环境"7S"管理	20	
	总分	100	

4. 拓展训练

1）请列举出在制订球形换挡把手加工工艺过程中易出现的问题，分析产生问题的原因并制定解决方案。

2）请按下列思维导图格式，对制订球形换挡把手加工工艺的学习收获进行总结。

任务二　编制球形换档把手加工程序

任务实施

步骤一：选用循环指令

1. 选用循环指令

1) 粗加工循环指令：G73（仿形车粗车复合固定循环指令）。
2) 精加工循环指令：G70（仿形车精车复合固定循环指令）。

2. 编制 G73、G70 指令内容

1) 工序 1 中 G73 指令内容。
G00　X47.0　Z2.0；
G73　U12　R11；
G71　P1　Q2　U0.5　W0　F0.2；
N1　G00　X26.0；

2) 工序 1 中 G70 指令内容。
G00　X47.0　Z2.0；
G70　P1　Q2　F0.1；
G00　X100.0　Z100.0；

3) 工序 2 中 G73 指令内容。
G00　X47.0　Z2.0；
G73　U22　R21；
G71　P1　Q2　U0.5　W0　F0.2；
N1　G00　X0.0；

4) 工序 2 中 G70 指令内容。
G00　X47.0　Z2.0；
G70　P1　Q2　F0.1；
G00　X100.0　Z100.0；

步骤二：编制加工程序

1. 编制工件左端轮廓加工程序

工件左端轮廓加工参考程序见表 3-5。

相关知识

3-7　仿形车粗车复合固定循环指令 G73

（1）指令格式　G00　X__　Z__；
　　　　　　　G73　U(Δi)　W(Δk)　R(d)；
　　　　　　　G73　P(ns)　Q(nf)　U(Δu)　W(Δw)　F　S　T；

（2）参数说明
Δi：X 方向的退刀量（半径量指定）；
Δk：Z 方向的退刀量；
d：粗车重复加工次数；
ns：精加工轮廓程序段中开始程序段的段号；
nf：精加工轮廓程序段中结束程序段的段号；
Δu：X 方向精加工余量；
Δw：Z 方向精加工余量；
F、S、T：分别为粗车加工循环中的进给速度、主轴转速与刀具功能。

（3）指令功能　G73 指令主要用于车削固定轨迹中的轮廓。

（4）循环路线（见图 3-6）

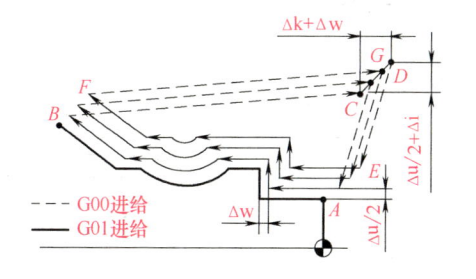

图 3-6　G73 循环轨迹示意图

G73 外圆加工走刀路线

刀具从循环起点（C 点）开始，快速退刀至 D 点（X 方向的退刀量为 $\Delta u+\Delta i$，Z 方向的退刀量为 $\Delta w+\Delta k$）；快速退刀至 E 点（E 点坐标值由 A 点坐标、精加工余量、退刀量 Δi 和 Δk 及粗车次数确定）；沿轮廓形状偏

表 3-5 工件左端轮廓加工参考程序

程序段号	程序内容	说明
程序号 O0301（加工工件左端轮廓）		
N10	T0101 G99 Z;	调用 1 号外圆车刀,1 号刀补
N20	M03 S1000;	设定每转进给,主轴正转,转速为 1000r/min
N30	G00 X100 Z100;	刀具快速定位
N40	G42 X47 Z2;	快速定位起刀点,准备粗加工;建立刀补
N50	G73 U12 R11;	X 向总退刀量 12mm,粗车循环加工次数 11 次
N60	G71 P70 Q200 U0.5 W0 F0.2;	精加工路径第一程序段段号为 N70 精加工路径最后程序段段号为 N200 X 向精加工余量为 0.5mm Z 向精加工余量为 0
N70	G0 X26;	精加工路径第一程序段
N80	G01 Z0;	
N90	X28 Z-1;	倒角
N100	Z-10;	
N110	X20 Z-14;	
N120	Z-23;	
N130	X30;	
N140	X32 Z-24;	倒角
N150	Z-35;	
N160	G02 X36 W-2 R2;	$R2$mm 圆弧
N170	G01 X40;	
N180	X42 W-1;	倒角
N190	Z-42;	
N200	X47;	精加工路径最后程序段
N210	G00 X100 Z100;	刀具快速定位
N220	T0101 M03 S1400;	设定精加工转速为 1400r/min
N230	G00 X47 Z2;	
N240	G70 P70 Q200;	
N250	G00 X100 Z200 G40;	快速退刀,取消刀补
N260	M05;	主轴停止
N270	M30;	程序结束

移一定值后切削至 F 点；快速返回 G 点，准备第二次循环切削；切削次数由循环程序中的参数 d 确定。循环结束后，快速退回循环起点（C 点）。

（5）注意事项

1）G73 指令可以高效地切削铸造成形、锻造成形或已粗车成形的工件。

2）对不具备类似成形条件的工件，如采用 G73 指令进行编程和加工，反而会增加刀具在切削过程中的空行程，而且不便于计算粗车余量。

3）G73 循环加工的轮廓形状，没有单调递增或单调递减形式的限制。

3-8 G73 指令编程实例

用 G73 指令编制图 3-7 所示零件的加工程序。

1）加工参考程序如下：

O0001;
……
G00 X42 Z2;
G73 U12 R11;
G73 P1 Q2 U0.5 W0 F0.2;
N1 G00 X16;
……
……
N2 G00 X42

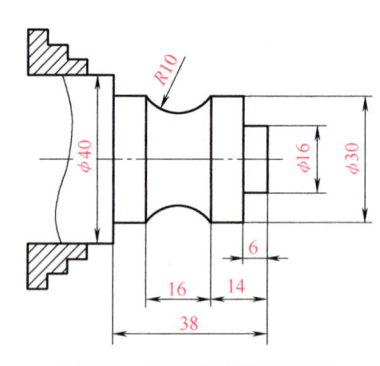

图 3-7 G73 指令编程实例

2）确定 X 方向退刀量和粗车重复加工次数。

$$U = (\phi_{max} - \phi_{min})/2 = (40-16)/2 = 12$$

$$R = U - 1 = 12 - 1 = 11$$

X 方向的退刀量为 12，粗车重复加工次数为 11 次。

3-9 刀尖圆弧半径补偿指令

（1）指令格式　G41　G01/G00　X__　Z__　F__;
　　　　　　　　G42　G01/G00　X__　Z__　F__;
　　　　　　　　G40　G01/G00　X__　Z__;

（2）指令功能　G41 为刀尖圆弧半径左补偿，G42 为刀尖圆弧半径右补偿，G40 为取消刀尖圆弧半径补偿。

刀尖圆弧半径补偿

2. 编制工件右端轮廓加工程序

编制工件右端轮廓加工参考程序，并填写表3-6。

表 3-6　工件右端轮廓加工参考程序

程序号 O0302（加工工件右端轮廓）			
程序段号	程序内容	程序段号	程序内容
N10		N180	
N20		N190	
N30		N200	
N40		N210	
N50		N220	
N60		N230	
N70		N240	
N80		N250	
N90		N260	
N100		N270	
N110		N280	
N120		N290	
N130		N300	
N140		N310	
N150		N320	
N160		N330	
N170		N340	

(3) 注意事项

1) 编程时，刀尖圆弧半径补偿偏置方向的判别如图3-8所示。沿 Y 轴负方向并沿刀具的移动方向看，当刀具处在加工轮廓左侧时，称为刀尖圆弧半径左补偿，用 G41 表示；当刀具处在加工轮廓右侧时，称为刀尖圆弧半径右补偿，用 G42 表示。

2) 在判别刀尖圆弧半径补偿偏置方向时，一定要沿 Y 轴由正向负观察刀具所处的位置，故应特别注意后置刀架（见图3-8a）和前置刀架（见图3-8b）刀尖圆弧半径补偿偏置方向的区别。

3) 对于前置刀架，为防止判别过程中出错，可在图样上将工件、刀具及 X 轴同时绕 Z 轴旋转 180° 后再进行偏置方向的判别，此时+Y轴向外，刀补的偏置方向与后置刀架的偏置方向相同。

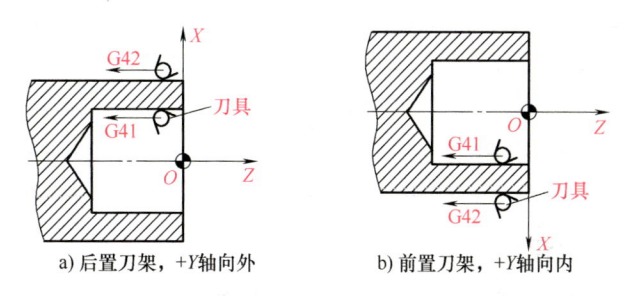

a) 后置刀架，+Y轴向外　　b) 前置刀架，+Y轴向内

图 3-8　刀尖圆弧半径补偿偏置方向的判别

任务测评

1. 知识测评

确定本任务的关键词,按重要程度进行关键词排序并举例解读。

根据自己对重要信息捕捉、排序、表达、创新和划分权重的能力进行自评,满分为100分,见表3-7。

表3-7 编制球形换档把手加工程序知识测评表

序号	关键词	举例解读	自评评分
1			
2			
3			
4			
5			
总分			

2. 能力测评

对表3-8所列作业内容进行测评,操作规范即得分,操作错误或未操作得零分。

表3-8 编制球形换档把手加工程序能力测评表

序号	能力点	配分	得分
1	选用循环指令	30	
2	编制加工程序	70	
总分		100	

3. 素养测评

对表3-9所列素养点进行测评,做到即得分,未做到得零分。

表3-9 编制球形换档把手加工程序素养测评表

序号	素养点	配分	得分
1	学习纪律	20	
2	工具使用、摆放	20	
3	态度严谨认真、一丝不苟	20	
4	互相帮助、团队合作	20	
5	学习环境"7S"管理	20	
总分		100	

4. 拓展训练

1)请列举出在编制球形换档把手加工程序过程中易出现的问题,分析产生问题的原因并制定解决方案。

2)请按下列思维导图格式,对编制球形换档把手加工程序的学习收获进行总结。

任务三 加工球形换档把手

任务实施

步骤一：加工准备工作

请同学仔细检查工、量具以及机床的准备情况，填写表3-10和表3-11。

表3-10 工、量具的准备

检查内容	工具	刀具	量具	毛坯
检查情况				

注：经检查后该项完好，在相应项目下打"√"；若出现问题应及时调整。

表3-11 机床的准备

检查部分	机械部分				电气部分			数控系统部分		辅助部分	
	主轴部分	进给部分	刀架部分	尾座	主电源	冷却风扇	电器元件	控制部分	驱动部分	冷却	润滑
检查情况											

注：经检查后该项完好，在相应项目下打"√"；若出现问题应及时报修。

步骤二：加工球形换档把手

按照表3-12所列的操作流程，操作数控车床，完成球形换档把手的加工。

表3-12 球形换档把手加工操作流程

加工零件	球形换档把手	设备编号	F01
		设备名称	数控车床
		操作员	
操作项目	操作步骤	操作要点	
开始	1）装夹工件 2）装夹刀具	工件伸出长度应合适，刀具安装角度应准确	
对刀试切	1）试切端面外圆 2）测量并输入刀补	用MDI方式执行刀补，可通过检查刀尖位置与坐标显示是否一致检查刀补的正确性	
输入、编辑程序	编辑方式下，完成程序的输入	注意程序代码、指令格式，输好后对照原程序检查一遍	

相关知识

3-10 设置刀尖圆弧半径补偿参数

刀尖圆弧半径补偿参数与刀沿号都在图3-9所示画面中进行设置。例如，1号刀为外圆车刀，刀尖圆弧半径为2mm；2号刀为普通外螺纹车刀，刀尖圆弧半径为0.5mm，则其设定方法如下：

1）移动光标，选择与刀具号相对应的刀具半径参数。如设置1号刀刀补，则将光标移至"G01"行的R参数处，输入"2.0"后按 INPUT 键。

```
刀具补正/形状           O0001 N0000
番号      X         Z         R      T
G001  -173.579  -234.567   2.000    3
G002  -166.399  -227.433   0.500    8
G003    0.000     0.000     0.000   0
G004    0.000     0.000     0.000   0
G005    0.000     0.000     0.000   0
G006    0.000     0.000     0.000   0
G007    0.000     0.000     0.000   0
G008    0.000     0.000     0.000   0
现在位置(相对坐标)
         U0.000            W0.000
X50.123
MEN******                  14:20:30
[NO检索] [测量] [C输入] [+输入] [输入]
```

图3-9 设置刀尖圆弧半径补偿参数

2）移动光标，选择与刀具号相对应的刀沿号参数。如设置1号刀，则将光标移至"G01"行的T参数处，输入刀具切削沿号"3"后按 INPUT 键。

3）用同样的方法，设定第二把刀具的刀尖圆弧半径补偿参数，其刀尖圆弧半径值为0.5mm，车刀在刀架上的刀具切削沿号为"8"。

（续）

操作项目	操作步骤	操作要点
空运行检查	在自动方式下用 MST 辅助功能将机床锁住,打开空运行,调出图形窗口,设置好图形参数,开始执行空运行检查	检查刀路轨迹与编程轮廓是否一致,结束空运行后,注意回到机床初始坐标状态
单段试运行	自动加工开始前,先按下"单段循环"键,然后按下"循环启动"按钮	单段循环开始时,进给及快速倍率由低到高,运行中主要检查刀尖位置和程序轨迹是否正确
自动连续加工	关闭"单段循环"功能,执行连续加工	注意监控程序的运行。如发现加工异常,按进给保持键。处理好后,恢复加工
刀具补偿调整尺寸	粗车后,加工暂停,根据实测工件尺寸,进行刀补的修正	实测工件尺寸,如偏大,用负值修正刀偏,反之用正值修正刀偏

任务测评

1. 知识测评

确定本任务的关键词，按重要程度进行关键词排序并举例解读。

根据自己对重要信息捕捉、排序、表达、创新和划分权重的能力进行自评，满分为100分，见表3-13。

表3-13　加工球形换档把手知识测评表

序号	关键词	举例解读	自评评分
1			
2			
3			
4			
5			
总分			

2. 能力测评

对表3-14所列作业内容进行测评，操作规范即得分，操作错误或未操作得零分。

表3-14　加工球形换档把手能力测评表

序号	能力点	配分	得分
1	加工准备工作	30	
2	加工球形换档把手	70	
	总分	100	

3. 素养测评

对表3-15所列素养点进行测评，做到即得分，未做到得零分。

表3-15　加工球形换档把手素养测评表

序号	素养点	配分	得分
1	学习纪律	20	
2	工具使用、摆放	20	
3	态度严谨认真、一丝不苟	20	
4	互相帮助、团队合作	20	
5	学习环境"7S"管理	20	
	总分	100	

4. 拓展训练

1）请列举出在加工球形换档把手过程中易出现的问题，分析产生问题的原因并制定解决方案。

2）请按下列思维导图格式，对加工球形换档把手的学习收获进行总结。

任务四　检测球形换档把手

任务实施

步骤一：检测准备工作

仔细校验所需量具，填写表3-16。

表3-16　量具校验

检查内容	0~150mm 游标卡尺	0~25mm 千分尺	25~50mm 千分尺	半径样板
检查情况				

注：经检查后该项完好，在相应项目下打"√"；若出现问题应及时调整。

步骤二：检测球形换档把手

检测球形换档把手并填写表3-17。

表3-17　球形换档把手加工质量评分表

序号	项目	内容	配分	评分标准	检测结果	得分
1	外圆	$\phi 42_{-0.039}^{0}$ mm	10	超差0.01mm扣1分，扣完为止		
2		$\phi 32_{-0.033}^{0}$ mm	10			
3		$\phi 28_{-0.026}^{0}$ mm（2处）	16			
4		$\phi 20_{-0.021}^{0}$ mm	10			
5	长度	84±0.043mm	10			
6		$37_{-0.03}^{0}$ mm	10			
7		10mm、14mm、4mm、3mm、26.64mm、44mm	5	超差不得分		
8	圆弧	R12mm	6	超差不得分		
9		Sφ34±0.02mm	8	超差不得分		
10	角度	135°	5	超差不得分		
11	表面粗糙度	Ra1.6μm（2处）	6	超差不得分		
12	其他	倒角4处	4	超差不得分		
		综合得分		100		

相关知识

3-11　圆弧误差分析

问题现象	产生原因	预防和消除
圆弧尺寸超差	（1）刀具数据不准确 （2）切削用量选择不当，产生让刀 （3）程序错误 （4）工件尺寸计算错误 （5）刀片松动 （6）测量误差	（1）调整或重新设定刀具数据 （2）合理选择切削用量 （3）检查、修改加工程序 （4）正确计算工件尺寸 （5）重新调整刀片 （6）选择适合的测量工具和测量方法
圆弧表面粗糙度值过大	（1）切削速度过低 （2）刀具中心高不正确 （3）切屑控制较差 （4）刀尖产生积屑瘤 （5）刀片后角干涉 （6）刀具损坏 （7）切屑缠绕现象严重	（1）调高主轴转速 （2）调整刀具中心高 （3）选择合理的刀具角度 （4）选择合适的切削速度 （5）选择合适的刀片和加工方法 （6）更换刀片 （7）选择合理的切削参数
加工过程中出现"扎刀"现象	（1）进给速度过快 （2）切屑堵塞 （3）工件安装不合理	（1）降低进给速度 （2）采用断、退屑方式切入 （3）检查工件安装，增加安装刚性

任务测评

1. 知识测评

确定本任务的关键词,按重要程度进行关键词排序并举例解读。

根据自己对重要信息捕捉、排序、表达、创新和划分权重的能力进行自评,满分为100分,见表3-18。

表3-18 检测球形换档把手知识测评表

序号	关键词	举例解读	自评评分
1			
2			
3			
4			
5			
		总分	

2. 能力测评

对表3-19所列作业内容进行测评,操作规范即得分,操作错误或未操作得零分。

表3-19 检测球形换档把手能力测评表

序号	能力点	配分	得分
1	检测准备工作	30	
2	检测球形换档把手	70	
	总分	100	

3. 素养测评

对表3-20所列素养点进行测评,做到即得分,未做到得零分。

表3-20 检测球形换档把手素养测评表

序号	素养点	配分	得分
1	设备及工、量具检查	25	
2	加工安全防护	25	
3	量具清洁校准	25	
4	工位摆放"5S"管理	25	
	总分	100	

4. 拓展训练

1)请列举出在检测球形换档把手过程中易出现的问题,分析产生问题的原因并制定解决方案。

2)请按下列思维导图格式,对检测球形换档把手的学习收获进行总结。

学习成果

一、成果描述

根据所学,识读图 3-10 所示仿形件零件图并进行加工。

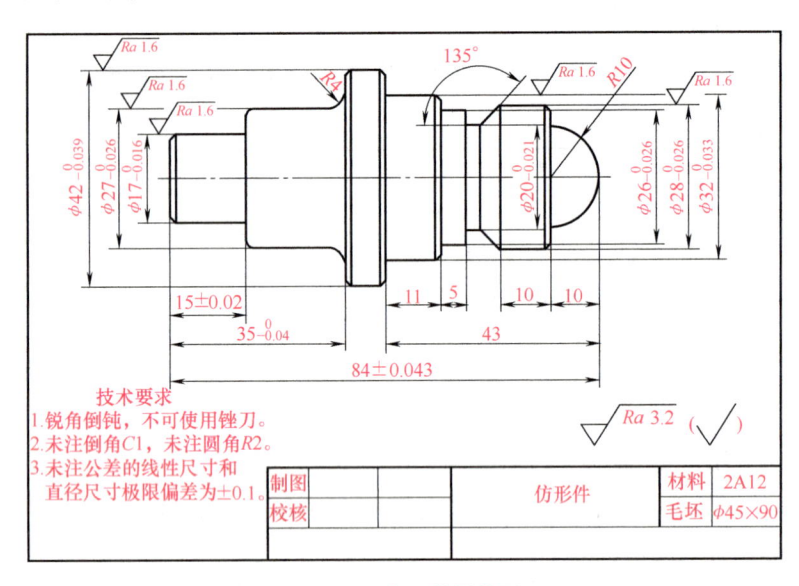

图 3-10 仿形件零件图

二、实施准备

(一) 学生准备

学生在按照教学进度计划已经完成了以下学习任务并达到了 75 分以上后,可进行该学习成果的实施。

1) 理解并完成学习成果需要的相关知识和方法的学习,得分>75 分。
2) 运用学习成果需要的相关知识和方法进行作业,得分>75 分。
3) 按时、按质、按量完成相应作业,得分>80 分。
4) 具有自觉遵守技术标准的要求和规定、规范操作、安全、环保、"7S"作业、团结协作的好习惯,得分>80 分。
5) 能制订仿形件加工工艺并进行加工。

(二) 教师准备

1) 在安排学生实施学习成果前,通过课堂问题研讨、作业、实训和考核及其他方式,确认学生已经具备了实施学习成果所需的知识、技能和素养,并确保学生独立进行操作。
2) 对学生自评、小组互评、教师评价进行测评方法培训,明确评价的意义和重要性,确保测评结果的准确性和公平性。
3) 准备好测评记录。

三、考核方法与标准

1) 评价监管:组长监控小组成员自评结果,教师监控小组互评结果,教师最终评价。
2) 详细记录学生在实施学习成果过程中的方法步骤、完成时间以及出现错误等情况,要求在 150min 内完成。
3) 考核内容及标准见表 3-21。

表 3-21 考核内容及标准

序号	项目	内容	配分	评分标准	检测结果	得分
1	外圆	$\phi 42_{-0.039}^{0}$ mm	8	超差 0.01mm 扣 1 分,扣完为止		
2		$\phi 27_{-0.026}^{0}$ mm	8			
3		$\phi 17_{-0.016}^{0}$ mm	16			
4		$\phi 32_{-0.033}^{0}$ mm	8			
5		$\phi 28_{-0.026}^{0}$ mm	8			
6		$\phi 26_{-0.026}^{0}$ mm	8			
7	长度	84±0.043mm	7			
8		$35_{-0.04}^{0}$ mm	7			
9		15±0.02mm	7			
10		11mm、5mm、10mm、10mm、43mm	5	超差不得分		
11	圆弧	$R2$mm、$R4$mm、$R10$mm	4	超差不得分		
12	角度	135°	4	超差不得分		
13	表面粗糙度	$Ra1.6\mu m$(5 处)	5	超差 1 处扣 1 分		
14	其他	倒角 5 处	5	超差 1 处扣 1 分		
	综合得分		100			

拓展阅读——张志坤、张志斌"金牌兄弟",闪耀"世界技能奥林匹克"

2017年10月20日,21岁的张志斌在第44届世界技能大赛中击败来自日本、韩国、巴西等国的高手,勇夺塑料模具工程项目冠军。这份成绩续写了其哥哥张志坤参加第43届比赛时的冠军辉煌,也让两人成为闪耀"世界技能奥林匹克"的中国"双子星"。

2012年初中毕业后,张志斌因为中考成绩普通、家境平常,无法在当地上一所好高中,于是他选择和哥哥报考同一所职校,读3年中职,再读2年高职,以便"学一门手艺吃饭"。张志斌入学时,哥哥张志坤已经在省、市级的比赛中崭露头角了。哥哥获得世界冠军之后,更是成为他的偶像。张志斌起初学的是数控加工专业,但在进入集训队后,被分到塑料模具工程项目。面对陌生的项目,他主动向教练、同伴求教,勤思考、加班加点去追赶别人的脚步,时常熬到深夜。

从农家子弟成长为"新蓝领",以张志坤、张志斌为代表的青年高技能人才正在成为推动中国制造迈上中高端水平的生力军。他们扬威象征国际先进水平的世界技能大赛,势必将激励更多年轻人学习职业技能,成为中国创新发展的重要支撑。

"家财万贯,不如一技傍身。"中国自古就有这样的劝世警言。鲁班、李冰、马钧、韩公廉、宋应星……历史图册中也始终能够看到能工巧匠的身影。今天,当发展的时针指向了新的时代,越来越多像张志坤、张志斌一样的年轻人,用他们的力量去诠释工匠精神。从面对机器屡屡出错的技能新手到世界技能大赛折桂,从竞赛选手再到如今担任教练带领队员征战世界技能大赛,张志坤、张志斌兄弟俩一路你追我赶、互相激励。如今,张志坤与张志斌分别成为广东省机械技师学院增材制造和塑料模具项目的教师,享受副教授待遇。

大国制造,需要大国工匠。一说到工匠精神,兄弟俩的语气严肃起来:"工匠在我们眼里很神圣,做工匠要坚持,要耐心,更要创新。学习技能给我们的人生打开了另一种可能,我们很幸运地生活在这个充满机遇的新时代。"在不断求知求进的状态下,他们兄弟逐渐探索出了属于自己的方向。张志坤希望自己能够成为一名播撒技能成才"火种"的人,他认为一个人的力量是有限的,中国制造的未来需要更多的技能人才。张志斌表示,将坚持不懈学习技能,向更多大国工匠学习,立足本职,弘扬工匠精神,特别是尽自己最大的努力传授技能,让学生们少走一些弯路。

项目四　连接轴的数控车削加工

项目描述

依据数控车工国家职业标准的相关规定制订连接轴加工工艺、编制加工程序、加工出合格的零件，并进行检测。

项目要求

1) 制订连接轴加工工艺。
2) 编制连接轴加工程序。
3) 按图样要求加工连接轴并进行检测。

学习目标

1) 能按照数控车工国家职业标准规定，正确制订连接轴的加工工艺。
2) 能为加工出合格的连接轴选择合适的刀具、量具、工具。
3) 能为加工连接轴编写正确的自动加工程序。
4) 能熟练操作机床，独立加工出合格的连接轴。
5) 培养学生自觉遵守数控车工国家职业标准的要求和规定、规范加工操作、保持加工环境"7S"管理、精益求精的职业素养。
6) 培养创新意识和绿色环保意识。

学习载体

本项目加工连接轴，零件图如图4-1所示。

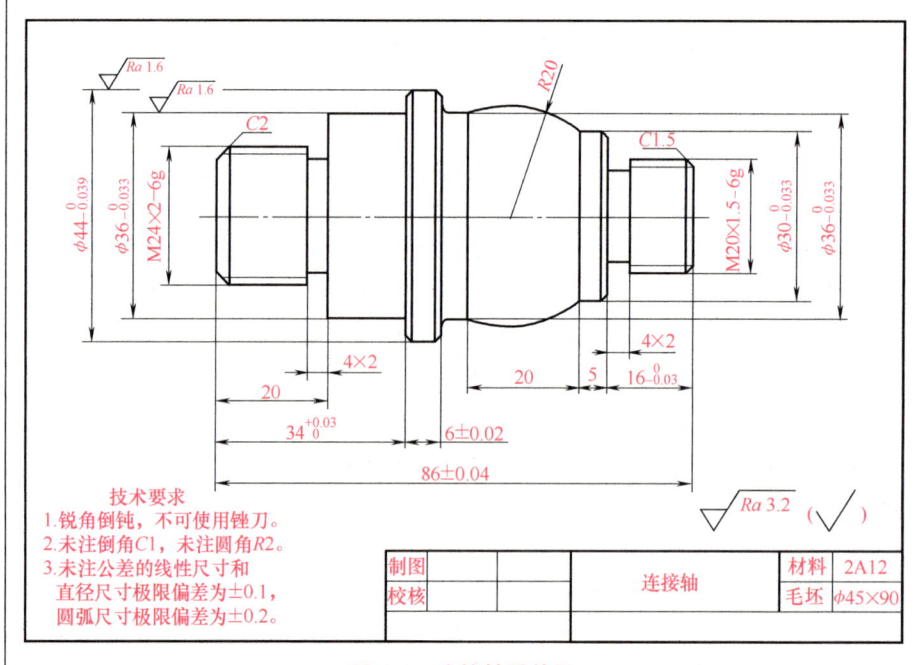

图4-1　连接轴零件图

任务一　制订连接轴加工工艺

任务实施

步骤一：识读图样

1. 标题栏

如图 4-1 所示，零件毛坯尺寸为 $\phi 45mm \times 90mm$，毛坯材料为 2A12 铝合金。

2. 分析尺寸

1) 该零件主要加工面为外圆、外圆弧、外螺纹、螺纹退刀槽等。

2) 外圆尺寸有 $\phi 44_{-0.039}^{0}mm$、$\phi 36_{-0.033}^{0}mm$（2处）、$\phi 30_{-0.033}^{0}mm$ 以及 $R20mm$ 圆弧。

3) 长度尺寸有 $34_{0}^{+0.03}mm$、$16_{-0.03}^{0}mm$、$20mm$、$20mm$、$5mm$，工件总长尺寸为 $86\pm 0.04mm$。

4) 工件左右分别有 M24×2-6g 和 M20×1.5-6g 螺纹各一处。

3. 技术要求

1) 锐角倒钝，不可使用锉刀。

2) 未注倒角 C1，未注圆角 R2mm。

3) 未注公差的线性尺寸和直径尺寸极限偏差为 $\pm 0.1mm$，圆弧尺寸极限偏差为 $\pm 0.2mm$。

步骤二：选择刀具

1) 93°外圆车刀 1 把。

2) 4mm 宽车槽刀 1 把。

3) 外螺纹车刀 1 把。

步骤三：确定装夹方案

1. 夹具选择

选用自定心卡盘装夹。

2. 装夹顺序

1) 第一次装夹选择毛坯 $\phi 45mm$ 外圆，伸出卡盘长度>40mm（取 45~50mm），加工工件左端外轮廓、螺纹退刀槽、螺纹。

相关知识

4-1　普通螺纹的几何参数

（1）公称直径 D（d）　指螺纹大径的基本尺寸，包括外螺纹顶径（D）和内螺纹底径（d）。

（2）螺纹小径 D_1（d_1）　包括外螺纹底径（D_1）和内螺纹顶径（d_1）。

（3）螺纹中径 D_2（d_2）　是一个假想圆柱的直径，该圆柱剖切面上牙型的沟槽和凸起宽度相等。

（4）螺距 P　螺纹上相邻两牙在中径上对应点间的轴向距离。

（5）导程 P_h　同一条螺旋线上相邻两同名牙侧在中径上对应点间的轴向距离。

（6）理论牙型高度 H　在螺纹牙型上牙顶到牙底之间，垂直于螺纹轴线的距离。

4-2　螺纹加工相关尺寸计算公式

车螺纹时，零件材料因受车刀挤压而使外径胀大，因此螺纹部分的零件外径应比公称直径小 0.2~0.4mm，可按经验公式取 $d_{计}=d-0.1P$。

普通螺纹牙型如图 4-2 所示，在实际加工中，为便于计算，可不考虑螺纹车刀的刀尖半径 r 的影响，通常取螺纹实际牙高 $h_{实}=0.65P$，螺纹实际小径 $d_{1计}=d-2h_{实}=d-1.3P$。

a) 螺纹理论牙型　　b) 牙底倒圆 H/8 的牙型

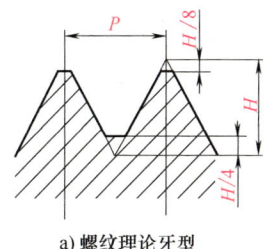

图 4-2　普通螺纹的牙型

2）第二次装夹选择已经加工面 φ36mm 外圆，加工工件右端外轮廓、螺纹退刀槽、螺纹。

步骤四：制订加工工艺并填写工序卡

填写表4-1连接轴加工工序卡。

表4-1　连接轴加工工序卡

零件名称		零件图号		系统		加工材料	
程序名称						使用夹具	

工序装夹图

工步	工步内容	刀具	切削用量		
			主轴转速 $n/(\text{r/min})$	进给量 $f/(\text{mm/r})$	背吃刀量 a_p/mm
1					
2					
3					
4					
5					
6					
7					
8					

4-3　螺纹加工相关尺寸计算实例

车削如图4-3所示零件中的 M30×2-6g 外螺纹，材料为45钢。试计算实际车削时的外径 $d_{计}$ 及螺纹实际小径 $d_{1计}$。

解：根据上述分析，其相关计算如下：

实际车削时的直径为：

$$d_{计} = d - 0.1P = 30 - 0.1 \times 2 = 29.8 \text{（mm）}$$

螺纹实际小径为：

$$d_{1计} = d - 2h_{实} = d - 1.3P$$
$$= 30 - 1.3 \times 2 = 27.4 \text{（mm）}$$

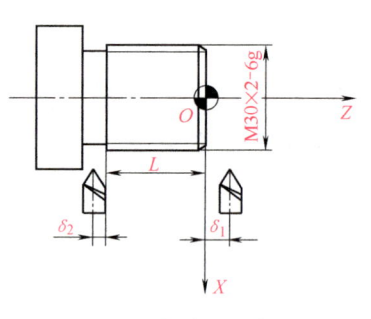

图 4-3　螺纹加工参数

4-4　螺纹起点与螺纹终点轴向尺寸的确定

在数控车床上车螺纹时，由于机床伺服系统本身具有滞后的特点，会在螺纹起始段和停止加工段产生螺距不规则现象，所以实际加工螺纹长度应包括切入空行程量 δ_1 和切出空行程量 δ_2。

一般切入空行程量为 2~5mm，大螺距和高精度的螺纹取大值，切出空行程量一般为退刀槽宽度的一半，取 1~2 倍的螺距长度。

4-5　外螺纹的加工方法（见图4-4）

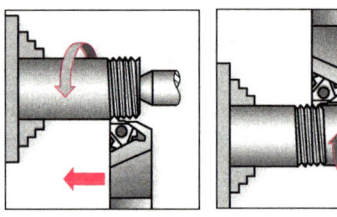

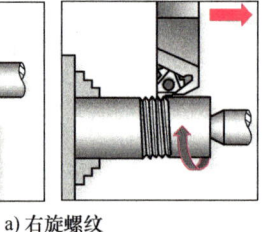

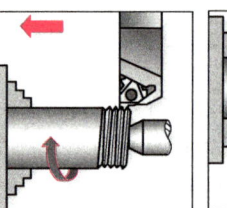

a) 右旋螺纹　　　b) 左旋螺纹

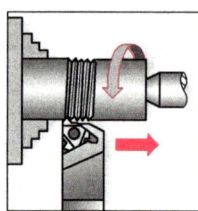

图 4-4　外螺纹的加工方法

任务测评

1. 知识测评

确定本任务的关键词，按重要程度进行关键词排序并举例解读。

根据自己对重要信息捕捉、排序、表达、创新和划分权重的能力进行自评，满分为100分，见表4-2。

表4-2 制订连接轴加工工艺知识测评表

序号	关键词	举例解读	自评评分
1			
2			
3			
4			
5			
		总分	

2. 能力测评

对表4-3所列作业内容进行测评，操作规范即得分，操作错误或未操作得零分。

表4-3 制订连接轴加工工艺能力测评表

序号	能力点	配分	得分
1	识读图样	20	
2	选择刀具	10	
3	确定装夹方案	20	
4	制订加工工艺并填写工序卡	50	
	总分	100	

3. 素养测评

对表4-4所列素养点进行测评，做到即得分，未做到得零分。

表4-4 制订连接轴加工工艺素养测评表

序号	素养点	配分	得分
1	学习纪律	20	
2	工具使用、摆放	20	
3	态度严谨认真、一丝不苟	20	
4	互相帮助、团队合作	20	
5	学习环境"7S"管理	20	
	总分	100	

4. 拓展训练

1）请列举出在制订连接轴加工工艺过程中易出现的问题，分析产生问题的原因并制定解决方案。

2）请按下列思维导图格式，对制订连接轴加工工艺的学习收获进行总结。

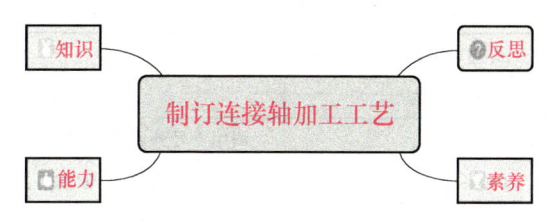

```
    知识 ────┐         ┌──── 反思
             │         │
             └─ 制订连接轴加工工艺 ─┘
             │         │
    能力 ────┘         └──── 素养
```

任务二　编制连接轴加工程序

任务实施

步骤一：螺纹加工相关尺寸计算

1. M24×2-6g 螺纹相关尺寸计算

实际车削时的直径为：

$d_{\text{计}} = d - 0.1P = 24 - 0.1 \times 2 = 23.8$（mm）

螺纹实际小径为：

$d_{1\text{计}} = d - 1.3P = 24 - 1.3 \times 2 = 21.4$（mm）

2. M20×1.5-6g 螺纹相关尺寸计算

实际车削时的直径为：

$d_{\text{计}} = d - 0.1P = 20 - 0.1 \times 1.5 = 19.85$（mm）

螺纹实际小径为：

$d_{1\text{计}} = d - 1.3P = 20 - 1.3 \times 1.5 = 18.05$（mm）

步骤二：编制加工程序

1. 编制工件左端外轮廓加工程序

工件左端外轮廓加工参考程序见表 4-5。

表 4-5　工件左端外轮廓加工参考程序

程序号 O0401（加工工件左端外轮廓）		
程序段号	程序内容	说明
N10	T0101　G99；	调用 1 号外圆车刀，换 1 号刀补
N20	M03　S1000；	设定每转进给，主轴正转，转速为 1000r/min
N30	G00　X100　Z100；	刀具快速定位
N40	X47　Z2；	快速定位起刀点，准备粗加工
N50	G71　U1　R1；	每次背吃刀量为 1mm，退刀量 0.5mm
N60	G71　P70　Q170　U0.5　F0.2；	精加工路径第一程序段号为 N70 精加工路径最后程序段号为 N170
N70	G0　X20；	定义精车轮廓
N80	G01　Z0；	

相关知识

4-6　螺纹切削固定循环指令（G92）

（1）指令格式

加工圆柱螺纹：G92　X(U)__　Z(W)__　F__；

加工圆锥螺纹：G92　X(U)__　Z(W)__　R__　F__；

（2）参数说明

X、Z：螺纹终点的绝对坐标；

U、W：螺纹终点相对循环起点的相对坐标；

R：圆锥螺纹起点半径与终点半径的差值，有正、负之分，圆柱螺纹 R=0 时，可省略；

F：螺纹导程（当螺纹为单线螺纹时，为螺距）。

（3）指令功能　G92 指令可以切削圆柱螺纹和圆锥螺纹。

4-7　圆柱螺纹切削路径

圆柱螺纹的循环进刀按图 4-5 所示的①循环起点进刀→②螺纹车削→③螺纹切削终点 X 向退刀→④Z 向退刀四个步骤循环。

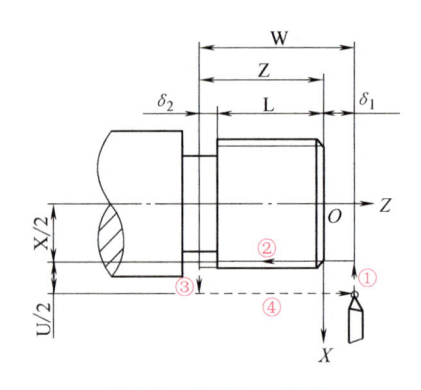

图 4-5　螺纹加工循环

（续）

程序段号	程序内容	说明
N90	X24 Z-2;	
N100	Z-20;	
N110	X35;	
N120	X36 W-0.5;	定义精车轮廓
N130	Z-34;	
N140	X42;	
N150	X44 W-1;	
N160	Z-41;	
N170	X47;	
N180	G00 X100 Z100;	
N190	T0101 M03 S1400;	
N200	G00 X47 Z2;	
N210	G70 P70 Q170 F0.1;	
N220	G00 X100 Z200;	
N230	M05;	主轴停止
N240	M30;	程序停止

2. 编制工件左端螺纹加工程序

工件左端螺纹加工参考程序见表 4-6。

表 4-6 工件左端螺纹加工参考程序

程序号 O0402（加工工件左端螺纹）		
程序段号	程序内容	说明
N10	T0202 G99;	调用 2 号外螺纹车刀
N20	M03 S400;	主轴正转，转速为 400r/min
N30	G00 X100 Z100;	刀具快速定位
N40	X26 Z4;	快速定位起刀点
N50	G92 X23.8 Z-18 F2;	螺纹加工第 1 刀
N60	X23.4;	螺纹加工第 2 刀
N70	X23.0;	螺纹加工第 3 刀

圆柱螺纹切削循环 G92 指令加工路径中，除②螺纹车削为进给运动外，其他运动（①循环起点进刀、③螺纹切削终点 X 向退刀、④Z 向退刀）均为快速运动。

4-8 圆柱螺纹加工编程实例

如图 4-6 所示，用 G92 指令编制 M20×1.5-6g 螺纹的加工程序，毛坯材料为 2A12。

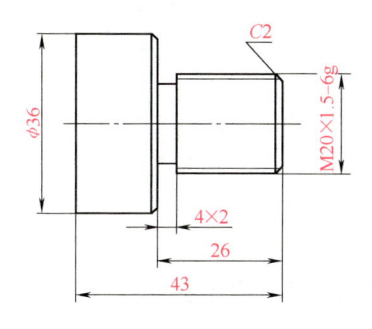

图 4-6 圆柱螺纹加工

（1）M20×1.5-6g 螺纹相关尺寸计算

实际车削时的直径为：

$$d_{计}=d-0.1P=20-0.1\times1.5=19.85（mm）$$

螺纹实际小径为：

$$d_{1计}=d-1.3P=20-1.3\times1.5=18.05（mm）$$

（2）程序编写

T0202 G99;	调用 2 号外螺纹车刀
M03 S400;	主轴正转，转速为 400r/min
G00 X100 Z100;	刀具快速定位
X22 Z4;	快速定位起刀点
G92 X19.3 Z-18 F2;	螺纹加工第 1 刀
X18.9;	螺纹加工第 2 刀
X18.6;	螺纹加工第 3 刀
X18.3;	螺纹加工第 4 刀
X18.15;	螺纹加工第 5 刀
X18.05;	螺纹加工第 6 刀

(续)

程序段号	程序内容	说明
N80	X22.6;	螺纹加工第4刀
N90	X22.2;	螺纹加工第5刀
N100	X21.9;	螺纹加工第6刀
N110	X21.6;	螺纹加工第7刀
N120	X21.4;	螺纹加工第8刀
N130	X21.4;	螺纹加工第9刀
N140	G00 X100 Z200;	快速退刀
N150	M05;	主轴停止
N160	M30;	程序停止

3. 编制工件右端外轮廓加工程序

工件右端外轮廓的加工参考程序见表4-7。

表4-7 工件右端外轮廓加工参考程序

程序号 O0403（加工工件右端外轮廓）		
程序段号	程序内容	说明
N10	T0101 G99;	调用1号外圆车刀,换1号刀补
N20	M03 S1000;	设定每转进给,主轴正转,转速为1000r/min
N30	G00 X100 Z100;	刀具快速定位
N40	X47 Z2;	快速定位起刀点,准备粗加工
N50	G73 U14 R13;	每次背吃刀量为1mm,退刀量0.5mm
N60	G73 P70 Q190 U0.5 F0.2;	精加工路径第一程序段段号为N70 精加工路径最后程序段段号为N190
N70	G0 X17;	定义精车轮廓
N80	G01 Z0;	
N90	X19.85 Z-1.5;	
N100	Z-16;	
N110	X28;	
N120	X30 Z-17;	
N130	Z-21;	

X18.05; 螺纹加工第7刀
G00 X100 Z200; 快速退刀
M05; 主轴停止
M30; 程序停止

4-9 使用G92指令时的注意事项

1) 在螺纹切削过程中,按下"循环暂停"键时,刀具立即按斜线退回,然后先回到 X 轴的起点,再回到 Z 轴的起点。在退回期间,不能进行另外的暂停。

2) 如果在单段方式下执行G92循环,则每执行一次循环必须按4次"循环启动"按钮。

3) G92指令是模态指令,当 Z 轴移动量没有变化时,只需对 X 轴指定其移动指令即可重复执行固定循环动作。

4) 在G92指令执行过程中,进给速度倍率和主轴速度倍率均无效。

(续)

程序段号	程序内容	说明
N140	G03　X36　Z-41　R20；	定义精车轮廓
N150	G01　Z-44；	
N160	G02　X40　Z-46　R2；	
N170	G01　X42；	
N180	X44　W-1；	
N190	X47；	
N200	G00　X100　Z100；	
N210	T0101　M03　S1400；	
N220	G00　X47　Z2；	
N230	G70　P70　Q190　F0.1；	
N240	G00　X100　Z200；	
N250	M05；	主轴停止
N260	M30；	程序停止

4. 编制螺纹加工程序

工件右端螺纹加工参考程序，并填写在表4-8中。

表4-8　工件右端螺纹加工参考程序

程序号 O0404（加工工件右端螺纹）

程序段号	程序内容	程序段号	程序内容
N10		N90	
N20		N100	
N30		N110	
N40		N120	
N50		N130	
N60		N140	
N70		N150	
N80		N160	

任务测评

1. 知识测评

确定本任务的关键词,按重要程度进行关键词排序并举例解读。

根据自己对重要信息捕捉、排序、表达、创新和划分权重的能力进行自评,满分为100分,见表4-9。

表4-9 编制连接轴加工程序知识测评表

序号	关键词	举例解读	自评评分
1			
2			
3			
4			
5			
总分			

2. 能力测评

对表4-10所列作业内容进行测评,操作规范即得分,操作错误或未操作得零分。

表4-10 编制连接轴加工程序能力测评表

序号	能力点	配分	得分
1	螺纹加工相关尺寸计算	30	
2	编制加工程序	70	
总分		100	

3. 素养测评

对表4-11所列素养点进行测评,做到即得分,未做到得零分。

表4-11 编制连接轴加工程序素养测评表

序号	素养点	配分	得分
1	学习纪律	20	
2	工具使用、摆放	20	
3	态度严谨认真、一丝不苟	20	
4	互相帮助、团队合作	20	
5	学习环境"7S"管理	20	
总分		100	

4. 拓展训练

1)请列举出在编制连接轴加工程序过程中易出现的问题,分析产生问题的原因并制定解决方案。

2)请按下列思维导图格式,对编制连接轴加工程序的学习收获进行总结。

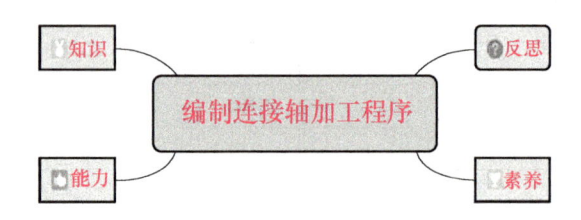

任务三 加工连接轴

任务实施

步骤一：加工准备工作

仔细检查工、量具以及机床的准备情况，填写表4-12和表4-13。

表4-12 工、量具的准备

检查内容	工具	刀具	量具	毛坯
检查情况				

注：经检查后该项完好，在相应项目下打"√"；若出现问题应及时调整。

表4-13 机床的准备

检查部分	机械部分				电气部分			数控系统部分		辅助部分	
	主轴部分	进给部分	刀架部分	尾座	主电源	冷却风扇	电器元件	控制部分	驱动部分	冷却	润滑
检查情况											

注：经检查后该项完好，在相应项目下打"√"；若出现问题应及时报修。

步骤二：加工连接轴

按照表4-14所列的操作流程，操作数控车床，完成连接轴的加工。

表4-14 连接轴加工操作流程

加工零件	连接轴	设备编号	F01
		设备名称	数控车床
		操作员	

操作项目	操作步骤	操作要点
开始	1) 装夹工件 2) 装夹刀具	工件伸出长度应合适，刀具安装角度应准确
对刀试切	1) 试切端面外圆 2) 测量并输入刀补	用MDI方式执行刀补，可通过检查刀尖位置与坐标显示是否一致检查刀补的正确性
输入、编辑程序	编辑方式下，完成程序的输入	注意程序代码、指令格式，输好后对照原程序检查一遍

相关知识

4-10 外螺纹车刀的安装

1) 安装外螺纹车刀时，应使其刀尖与工件轴线等高。

外螺纹车刀若安装得过高，当吃刀到一定深度时，车刀的后刀面会顶住工件，增大摩擦力，严重时会造成啃刀现象；安装过低时，则切屑不易排出，因车刀的径向力指向工件中心，使吃刀深度自动加深，出现工件被抬起和啃刀现象。

2) 外螺纹车刀刀尖角的对称中心线必须与工件的中心线垂直，装刀时可用60°样板对刀，如图4-7所示。

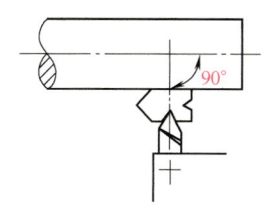

图4-7 外螺纹车刀的安装

外螺纹车刀的安装

4-11 外螺纹车刀对刀

（1）X方向对刀 如图4-8a所示，用外螺纹车刀试切，2~3mm，然

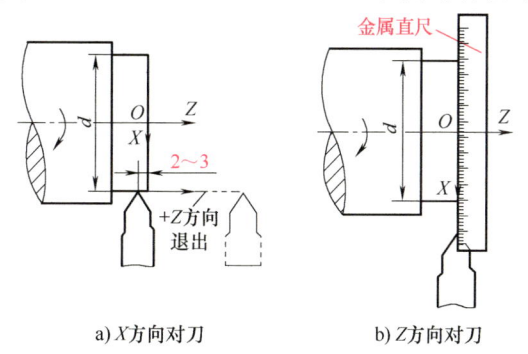

a) X方向对刀　　b) Z方向对刀

图4-8 外螺纹车刀对刀示意图

外螺纹车刀的对刀

(续)

操作项目	操作步骤	操作要点
空运行检查	在自动方式下用 MST 辅助功能将机床锁住，打开空运行，调出图形窗口，设置好图形参数，开始执行空运行检查	检查刀路轨迹与编程轮廓是否一致，结束空运行后，注意回到机床初始坐标状态
单段试运行	自动加工开始前，先按下"单段循环"键，然后按下"循环启动"按钮	单段循环开始时，进给及快速倍率由低到高，运行中主要检查刀尖位置和程序轨迹是否正确
自动连续加工	关闭"单段循环"功能，执行连续加工	注意监控程序的运行。如发现加工异常，按进给保持键。处理好后，恢复加工
刀具补偿调整尺寸	粗车后，加工暂停，根据实测工件尺寸，进行刀补的修正	实测工件尺寸，如偏大，用负值修正刀偏，反之用正值修正刀偏

后沿 +Z 方向退出刀具，停车测出外圆直径，将其值输入至相应的刀具长度补偿中。

（2）Z 方向对刀　如图 4-8b 所示，移动外螺纹车刀，使刀尖与工件右端面平齐，采用目测法或借助金属直尺对齐，然后将刀具位置数据输入至相应的刀具长度补偿中。

4-12　连接轴加工注意事项

1）以工件精车后的左右端面中心为编程原点。

2）加工时可用数控系统提供的磨耗补偿功能对尺寸进行修正，也可以通过修改程序坐标值对尺寸进行修正。

3）加工时若排屑不畅，可适当降低主轴转速和提高刀具进给速度。

4）加工时若出现刀具振动产生的响声，可适当降低主轴转速。

5）由于加工螺纹时切削力较大，因此要保证工件和刀具具有足够的刚性。

任务测评

1. 知识测评

确定本任务的关键词，按重要程度进行关键词排序并举例解读。

根据自己对重要信息捕捉、排序、表达、创新和划分权重的能力进行自评，满分为100分，见表4-15。

表4-15　加工连接轴知识测评表

序号	关键词	举例解读	自评评分
1			
2			
3			
4			
5			
总分			

2. 能力测评

对表4-16所列作业内容进行测评，操作规范即得分，操作错误或未操作得零分。

表4-16　加工连接轴能力测评表

序号	能力点	配分	得分
1	加工准备工作	30	
2	加工连接轴	70	
总分		100	

3. 素养测评

对表4-17所列素养点进行测评，做到即得分，未做到得零分。

表4-17　加工连接轴素养测评表

序号	素养点	配分	得分
1	学习纪律	20	
2	工具使用、摆放	20	
3	态度严谨认真、一丝不苟	20	
4	互相帮助、团队合作	20	
5	学习环境"7S"管理	20	
总分		100	

4. 拓展训练

1）请列举出在加工连接轴过程中易出现的问题，分析产生问题的原因并制定解决方案。

2）请按下列思维导图格式，对加工连接轴的学习收获进行总结。

任务四　检测连接轴

任务实施

步骤一：检测准备工作

仔细校验所需量具，填写表 4-18。

表 4-18　量具校验

检查内容	0~150mm 游标卡尺	0~25mm 千分尺	25~50mm 千分尺
检查情况			

注：经检查后该项完好，在相应项目下打"√"；若出现问题应及时调整

步骤二：检测连接轴

检测连接轴并填写表 4-19。

表 4-19　连接轴加工质量评分表

序号	项目	内容	配分	评分标准	检测结果	得分
1	外圆	$\phi 44_{-0.039}^{0}$ mm	8	超差 0.01mm 扣 1 分，扣完为止		
2		$\phi 36_{-0.033}^{0}$ mm（2 处）	16			
3		$\phi 30_{-0.033}^{0}$ mm	8			
4	长度	86±0.04mm	8			
5		$34_{0}^{+0.03}$ mm	8			
6		$16_{-0.03}^{0}$ mm	8			
7		6±0.02mm	8			
8		20mm、20mm、5mm	3	超差 1 处扣 1 分		
9	圆弧	R20mm	4	超差不得分		
10	螺纹	M24×2-6g	8	超差不得分		
11		M20×1.5-6g	8	超差不得分		
12	槽	4mm×2mm	4	超差不得分		
13	其他	倒角 5 处	5	超差 1 处扣 1 分		
14		Ra1.6μm（2 处）	4	超差不得分		
		综合得分	100			

相关知识

4-13　螺纹的检测

对于一般标准螺纹，都采用螺纹环规或塞规来检测。对于精度要求较高的螺纹，用三针法或用螺纹千分尺测量螺纹中径。

测量外螺纹时，如果环规"通端"正好旋进，而"止端"旋不进，则说明螺纹合格，反之就不合格。螺纹的表面粗糙度用目测法检测。

螺纹检测

4-14　螺纹加工误差分析

问题现象	产生原因	预防和消除
切削加工过程中出现振动	（1）工件装夹不正确 （2）刀具安装不正确 （3）切削参数不正确	（1）检查工件安装，增加安装刚性 （2）调整刀具安装位置 （3）提高或降低切削速度
螺纹牙呈刀口状	（1）刀具选择错误 （2）螺纹外径尺寸过大 （3）螺纹切削过深	（1）选择正确的刀具 （2）检查并选择合适的工件外径尺寸 （3）减小螺纹切削深度
螺纹牙顶过平	（1）刀具中心错误 （2）螺纹切削深度不够 （3）刀具刀尖角过小 （4）螺纹大径尺寸过小	（1）选择合适的刀具并调整刀具中心高 （2）计算并增加切削深度 （3）检测并选择正确的刀尖角 （4）检测并选择合适的工件大径尺寸
螺纹牙型底部圆弧过大	（1）刀具选择错误 （2）刀具磨损严重	（1）选择正确的刀具 （2）重新刃磨或更换刀片

(续)

问题现象	产生原因	预防和消除
螺纹牙型底部过宽	(1) 刀具选择错误 (2) 刀具磨损严重 (3) 螺纹有乱牙现象	(1) 选择正确的刀具 (2) 重新刃磨或更换刀片 (3) 检查加工程序中有无导致乱牙的原因
螺纹牙型半角不正确	(1) 刀具安装角度不正确 (2) 刀具刃磨角度有误	(1) 调整刀具安装角度 (2) 修磨刀具角度
螺纹表面质量差	(1) 切削速度不当 (2) 刀具中心过高 (3) 切屑控制较差，刀尖产生积屑瘤 (4) 切削液选用不合理	(1) 调整主轴转速 (2) 调整刀具中心高 (3) 选择合理的刀具前角、进刀方式及切削深度 (4) 选择合适的切削液并充分喷注
螺距误差	(1) 伺服系统滞后效应 (2) 加工程序不正确	(1) 增加螺纹切削升、降速段的长度 (2) 检查、修改加工程序

任务测评

1. 知识测评

确定本任务的关键词，按重要程度进行关键词排序并举例解读。

根据自己对重要信息捕捉、排序、表达、创新和划分权重的能力进行自评，满分为100分，见表4-20。

表4-20　检测连接轴知识测评表

序号	关键词	举例解读	自评评分
1			
2			
3			
4			
5			
总分			

2. 能力测评

对表4-21所列作业内容进行测评，操作规范即得分，操作错误或未操作得零分。

表4-21　检测连接轴能力测评表

序号	能力点	配分	得分
1	检测准备工作	30	
2	检测连接轴	70	
总分		100	

3. 素养测评

对表4-22所列素养点进行测评，做到即得分，未做到得零分。

表4-22　检测连接轴素养测评表

序号	素养点	配分	得分
1	设备及工、量具检查	25	
2	加工安全防护	25	
3	量具清洁校准	25	
4	工位摆放"5S"管理	25	
总分		100	

4. 拓展训练

1）请列举出在检测连接轴过程中易出现的问题，分析产生问题的原因并制定解决方案。

2）请按下列思维导图格式，对检测连接轴的学习收获进行总结。

学习成果

一、成果描述

根据所学,识读图4-9所示连接轴零件图并进行加工。

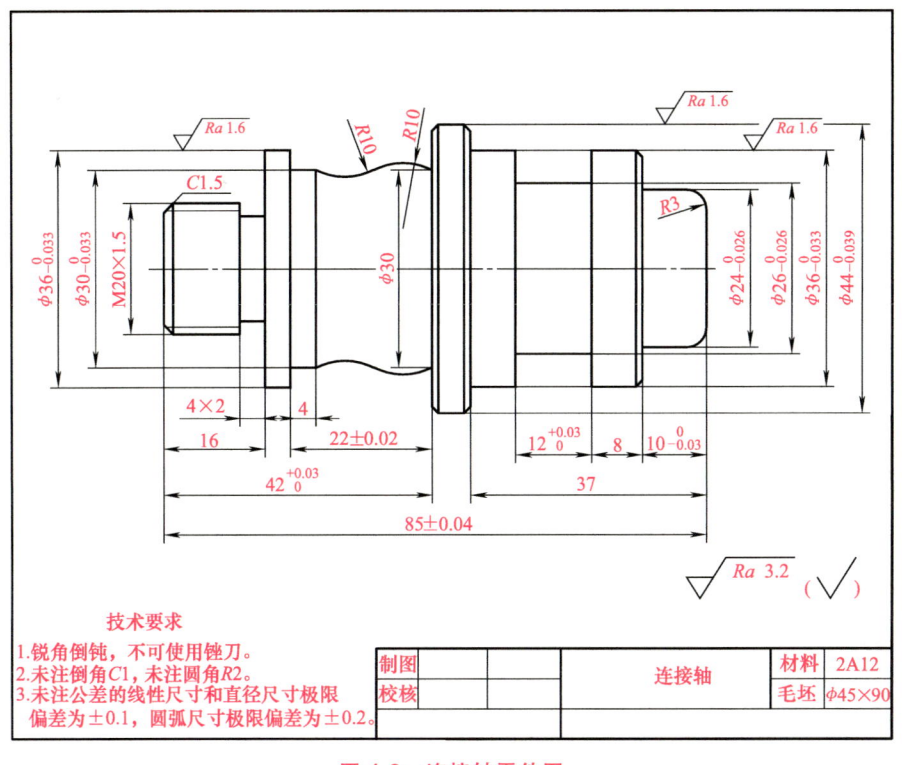

技术要求
1. 锐角倒钝,不可使用锉刀。
2. 未注倒角C1,未注圆角R2。
3. 未注公差的线性尺寸和直径尺寸极限偏差为±0.1,圆弧尺寸极限偏差为±0.2。

制图			连接轴	材料	2A12
校核				毛坯	$\phi 45 \times 90$

图4-9 连接轴零件图

二、实施准备

(一)学生准备

学生在按照教学进度计划已经完成了以下学习任务并达到了75分以上后,可进行该学习成果的实施。

1)理解并完成学习成果需要的相关知识和方法的学习,得分>75分。
2)运用学习成果需要的相关知识和方法进行作业,得分>75分。
3)按时、按质、按量完成相应作业,得分>80分。
4)具有自觉遵守技术标准的要求和规定、规范操作、安全、环保、"7S"作业、团结协作的好习惯,得分>80分。

5)能制订连接轴加工工艺并进行加工。

(二)教师准备

1)在安排学生实施学习成果前,通过课堂问题研讨、作业、实训和考核及其他方式,确认学生已经具备了实施学习成果所需的知识、技能和素养,并确保学生独立进行操作。
2)对学生自评、小组互评、教师评价进行测评方法培训,明确评价的意义和重要性,确保测评结果的准确性和公平性。
3)准备好测评记录。

三、考核方法与标准

1)评价监管:组长监控小组成员自评结果,教师监控小组互评结果,教师最终评价。
2)详细记录学生在实施学习成果过程中的方法步骤、完成时间以及出现错误等情况,要求在150min内完成。
3)考核内容及标准见表4-23。

表4-23 考核内容及标准

序号	项目	内容	配分	评分标准	检测结果	得分
1	外圆	$\phi 36_{-0.033}^{0}$ mm(2处)	12	超差0.01mm扣1分,扣完为止		
2		$\phi 30_{-0.033}^{0}$ mm	8			
3		$\phi 44_{-0.039}^{0}$ mm	8			
4		$\phi 26_{-0.026}^{0}$ mm	8			
5		$\phi 24_{-0.026}^{0}$ mm	6			
6	长度	85 ± 0.04 mm	7			
7		22 ± 0.02 mm	7			
8		$42_{0}^{+0.03}$ mm	7			
9		$12_{0}^{+0.03}$ mm	6			
10		$10_{-0.03}^{0}$ mm	6			
11		16mm、4mm、8mm、37mm	4	超差1处扣1分		
12	圆弧	R10mm、R10mm、R3mm	3	超差不得分		
13	螺纹	M20×1.5	8	超差不得分		
14	槽	4mm×2mm	3	超差1处扣1分		
15	表面粗糙度	$Ra1.6\mu m$(3处)	3	超差1处扣1分		
16	其他	倒角(4处)	4	超差1处扣1分		
		综合得分	100			

拓展阅读：最年轻的数控加工大国工匠

陈行行，国防军工行业的年轻工匠，在新型数控加工领域，以极致的精准向技艺极限冲击。用在尖端武器装备上的薄薄壳体，通过他的手，产品合格率从难以逾越的50%提升到100%。一个人最大的自豪是，这个世界不必知道他是谁，但他参与的事业却惊艳了世界。

陈行行，毕业于山东技师学院，曾入选2018年"大国工匠年度人物"，先后获得"全国五一劳动奖章""全国技术能手""四川工匠"等荣誉称号。职业院校走出来的他，用精益求精的工匠精神证明，求学职业院校，同样能造就精彩人生。

陈行行在核武器科技事业中从事高精尖产品的机械加工工作。他能熟练运用现代化的大型数控加工中心，完成多种精密复杂零件的铣削加工。在新型数控加工领域，陈行行总是能把不可能变成可能。为了提高用在尖端武器装备上的薄薄的壳体合格率，陈行行无数次修改程序、调整刀具、修正参数，变换走刀轨迹和装夹方式，最终让产品合格率达到了100%。

年仅33岁的他，已参与过多个国家科研核心项目。某大型科学仪器诊断系统关键精密零件的加工精度异常苛刻，且产品尺寸非常小，无法进行加工中的测量。陈行行打破常规，大胆开展加工工艺创新，通过设计实用的工装夹具及合理优化工艺路线，高效优质地完成了任务。在多项重要型号产品的急难险重任务中，他凭借扎实、深厚、全面的专业功底和敢于创新的精神，以技术革新推动技术进步。

在机械加工领域，原理是相通的，关键是怎样活学活用，融会贯通。多年的学习和比赛积累的心得经验、窍门绝活，陈行行都毫无保留地分享给其他同事。陈行行从不担心"教会徒弟饿死师傅"，也不相信"同行是冤家"的说法，他对同事们倾囊相授，内心非常坦诚，"吾生有涯，而知无涯"的道理他理解得很通透。

项目五 连接套筒的数控车削加工

项目描述

依据数控车工国家职业标准的相关规定制订连接套筒加工工艺、编制加工程序、加工出合格的工件,并进行检测。

项目要求

1) 制订连接套筒加工工艺。
2) 编制连接套筒加工程序。
3) 按图样要求加工连接套筒。

学习目标

1) 能按照数控车工国家职业标准规定,正确制订连接套筒的加工工艺。
2) 能为加工出合格的连接套筒选择合适的刀具、量具、工具。
3) 能为加工连接套筒编写正确的自动加工程序。
4) 能熟练操作机床,独立加工出合格的连接套筒。
5) 培养学生自觉遵守数控车工国家职业标准的要求和规定、规范加工操作、保持加工环境"7S"管理、精益求精的职业素养。
6) 培养节约意识和绿色环保意识。

学习载体

本项目加工连接套筒,零件图如图5-1所示。

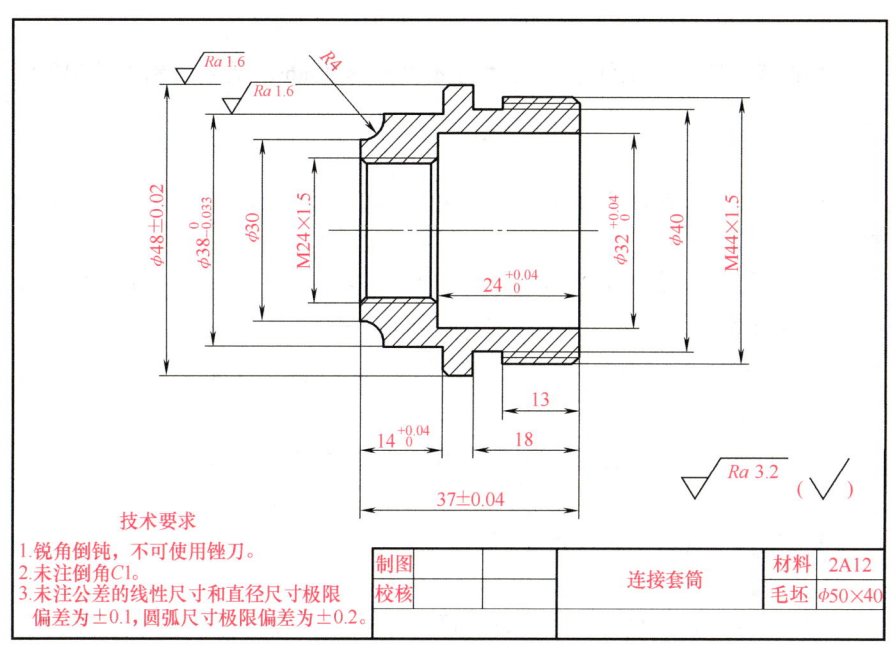

图5-1 连接套筒零件图

任务一　制订连接套筒加工工艺

任务实施

步骤一：识读图样

1. 标题栏

如图 5-1 所示，工件毛坯尺寸为 $\phi 50\text{mm} \times 40\text{mm}$，毛坯材料为 2A12 铝合金。

2. 分析尺寸

1) 该零件主要加工面为外圆、外圆弧、外螺纹、内螺纹、螺纹退刀槽以及倒角等。

2) 外轮廓尺寸有 $\phi 48 \pm 0.02\text{mm}$、$\phi 38_{-0.033}^{0}\text{mm}$、$\phi 30\text{mm}$、外螺纹大径及 $R4\text{mm}$ 圆弧，内轮廓尺寸有 $\phi 32_{0}^{+0.04}\text{mm}$ 以及内螺纹大径。

3) 长度尺寸有 $14_{0}^{+0.04}\text{mm}$、$24_{0}^{+0.04}\text{mm}$、13mm、18mm，工件总长尺寸为 $37 \pm 0.04\text{mm}$。

4) 工件左、右端分别有外螺纹 M44×1.5 和内螺纹 M24×1.5。

3. 技术要求

1) 锐角倒钝，不可使用锉刀。

2) 未注倒角 $C1$。

3) 未注公差的线性尺寸和直径尺寸极限偏差为 $\pm 0.1\text{mm}$，圆弧尺寸极限偏差为 $\pm 0.2\text{mm}$。

步骤二：选择刀具

1) $\phi 20\text{mm}$ 钻头。
2) 93°外圆车刀 1 把。
3) 4mm 宽车槽刀 1 把。
4) 外螺纹车刀 1 把。
5) 内螺纹车刀 1 把。

步骤三：确定装夹方案

1. 夹具选择

选用自定心卡盘装夹。

相关知识

5-1　孔加工的特点

1) 孔加工是在工件内部进行的，观察切削情况比较困难，尤其是小孔、深孔更为突出。

2) 由于刀杆尺寸受孔径和孔深的限制，既不能粗又不能短，所以在加工小而深的孔时，刀杆刚性很差。

3) 排屑和冷却困难。

4) 当工件壁厚较薄时，加工中容易变形。

5) 测量孔比测量外圆困难。

5-2　麻花钻

麻花钻用于在实心材料上加工孔，以便于后续孔加工。麻花钻是通过其相对固定轴线的旋转切削来钻削工件圆孔的工具，因其容屑槽成螺旋状形似麻花而得名（见图 5-2a 和图 5-2b）。

麻花钻由切削部分、工作部分、颈部和钻柄等组成。钻柄有锥柄和直柄两种，一般 12mm 以下的麻花钻用直柄，12mm 以上用锥柄（见图 5-2c）。

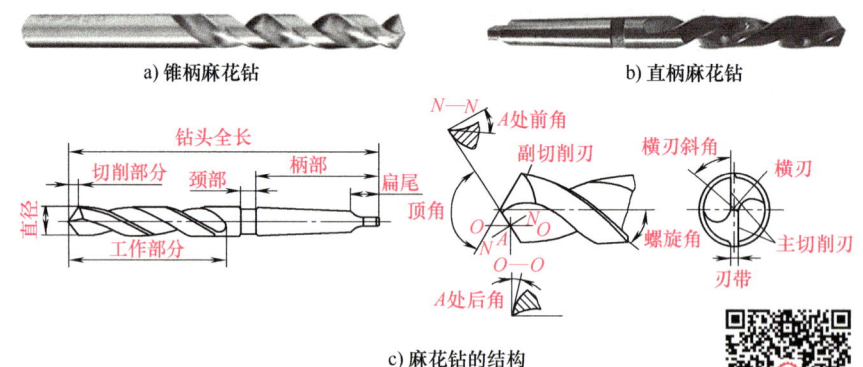

a) 锥柄麻花钻　　b) 直柄麻花钻

c) 麻花钻的结构

图 5-2　麻花钻

麻花钻工作部分的组成

2. 装夹顺序

1）第一次装夹毛坯 φ50mm 外圆一端，伸出卡盘长度>20mm（取 22～24mm），加工工件左端轮廓、钻孔以及内螺纹。

2）第二次装夹选择已经加工好的工件右端 φ38mm 外圆，加工工件右端外轮廓、内孔及外螺纹。

步骤四：制订加工工艺并填写工序卡

填写表 5-1 连接套筒加工工序卡。

表 5-1　连接套筒加工工序卡

零件名称		零件图号		系统		加工材料	
程序名称						使用夹具	

工序装夹图

工步	工步内容	刀具	切削用量		
			主轴转速 $n/(\text{r/min})$	进给量 $f/(\text{mm/r})$	背吃刀量 a_p/mm
1					
2					
3					
4					
5					
6					
7					
8					
9					

5-3　内孔车刀

内孔车刀因在孔内进行轮廓加工，活动范围较小，所以刀杆截面形状呈圆柱形，刀片因孔加工形式不同而不同（见图 5-3）。

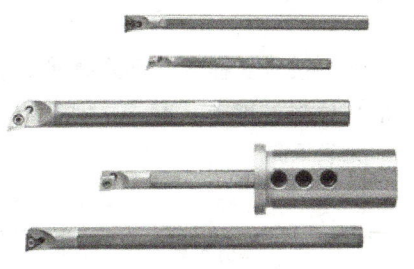

图 5-3　内孔车刀

5-4　麻花钻钻孔注意事项

1）钻头装在钻套中，安装在尾座上夹紧，以免钻削时出现松脱现象。

2）在钻孔时，必须将钻头的中心与被钻削工件的中心对齐，方可钻削，工件不能有任何的跳动或摆动现象，否则钻头极易折断、崩碎。

3）在钻孔时，每次进刀的深度要控制在一定的范围内，以防止切屑不容易排出，将钻头卡住，严重时会折断钻头。因此，钻头每钻一段要退出，然后再钻。

4）如果钻孔的直径较大，则可先钻一个直径较小的孔，然后再扩钻。

5-5　内螺纹基本尺寸的计算

在车削内螺纹时，一般要先钻孔或车孔或扩内孔。由于车削时的挤压作用，内孔直径会缩小，所以车削内孔的直径略大于螺纹小径的基本尺寸，一般可按下式计算。

1）当切削塑性材料时，底孔孔径为
$$D_{孔} = D - P$$

2）当切削脆性材料时，底孔孔径为
$$D_{孔} = D - 1.05P$$

式中　$D_{孔}$——螺纹底孔直径（mm）；

　　　D——螺纹公称直径；

　　　P——螺距（mm）。

图 5-1 中，M24×1.5 内螺纹的底孔孔径为
$$D_{孔} = D - P = 24 - 1.5 = 22.5 \text{（mm）}$$

任务测评

1. 知识测评

确定本任务的关键词,按重要程度进行关键词排序并举例解读。

根据自己对重要信息捕捉、排序、表达、创新和划分权重的能力进行自评,满分为100分,见表5-2。

表5-2 制订连接套筒加工工艺知识测评表

序号	关键词	举例解读	自评评分
1			
2			
3			
4			
5			
总分			

2. 能力测评

对表5-3所列作业内容进行测评,操作规范即得分,操作错误或未操作得零分。

表5-3 制订连接套筒加工工艺能力测评表

序号	能力点	配分	得分
1	识读图样	20	
2	选择刀具	10	
3	确定装夹方案	20	
4	制订加工工艺并填写工序卡	50	
总分		100	

3. 素养测评

对表5-4所列素养点进行测评,做到即得分,未做到得零分。

表5-4 制订连接套筒加工工艺素养测评表

序号	素养点	配分	得分
1	学习纪律	20	
2	工具使用、摆放	20	
3	态度严谨认真、一丝不苟	20	
4	互相帮助、团队合作	20	
5	学习环境"7S"管理	20	
总分		100	

4. 拓展训练

1)请列举出在制订连接套筒加工工艺过程中易出现的问题,分析产生问题的原因并制定解决方案。

2)请按下列思维导图格式,对制订连接套筒加工工艺的学习收获进行总结。

任务二　编制连接套筒加工程序

任 务 实 施

步骤一：工件基点计算

1. 工件左端外轮廓加工基点计算

1) 在图 5-4 中标出工件左端外轮廓、内轮廓各加工基点位置。

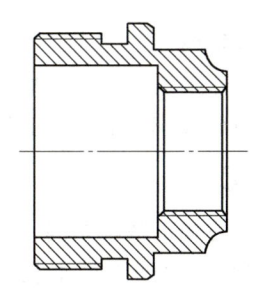

图 5-4　工件左端外轮廓加工基点位置

2) 将工件左端外轮廓各加工基点坐标填写在表 5-5 中。

表 5-5　工件左端外轮廓各加工基点坐标汇总表

基点	X坐标	Z坐标	基点	X坐标	Z坐标
O			D		
A			E		
B			F		
C					

3) 将工件左端内轮廓各加工基点坐标填写在表 5-6 中。

表 5-6　工件左端内轮廓各加工基点坐标汇总表

基点	X坐标	Z坐标	基点	X坐标	Z坐标
O			C		
A			D		
B					

相 关 知 识

5-6　内孔加工循环指令 G71/G70

（1）G71 指令格式　　G00 X＿　Z＿；
　　　　　　　　　　　G71 U(Δd)　R(e)；
　　　　　　　　　　　G71 P(ns) Q(nf) U(Δu) W(Δw) F＿　S＿　T＿；

（2）G71 指令参数说明

Δd：切削深度（每次切入量）；

e：每次退刀量；

ns：精加工路径第一程序段段号；

nf：精加工路径最后程序段段号；

Δu：X 方向精加工余量，当加工内轮廓时，Δu 为负值；

Δw：Z 方向精加工余量。

G70 指令加工内轮廓的编程格式与其加工外轮廓的编程格式一致。

G71 内孔加工走刀路线

5-7　内孔加工注意事项

1) 钻中心孔时，主轴转速应控制在 800~1000r/min；钻孔时，主轴转速应控制在 300~400r/min。

2) 安装内孔车刀时，主切削刃与主轴轴线要等高。

3) 内孔车刀的刀杆直径要比底孔直径小，一般比底孔直径小 2mm 就可以进刀，否则会撞刀。

4) 用内孔车刀加工的内孔直径最好不要超过车刀刀杆直径的 3 倍，否则会引起振刀。

5) 内孔车刀伸出长度要适中，如内孔长度为 40mm，内孔车刀伸出长度为 45mm 左右即可。车刀伸出过短会导致刀架与工件端面干涉，伸出过长会降低刀具的刚性，会导致刀具振动，影响加工精度。

6) 加工内孔时，应慎重考虑换刀点的位置，以免产生干涉。

7) 采用 G71 指令编写内孔粗加工程序时，精加工预留量为负值。

2. 工件右端外轮廓、内轮廓加工基点计算

1) 在图 5-5 中标出工件右端外轮廓、内轮廓各加工基点位置。

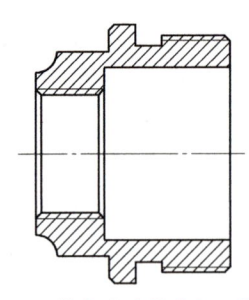

图 5-5 工件右端外轮廓加工基点位置

2) 将工件右端外轮廓各加工基点坐标填写在表 5-7 中。

表 5-7 工件右端外轮廓各加工基点坐标汇总表

基点	X 坐标	Z 坐标	基点	X 坐标	Z 坐标
O			C		
A			D		
B			E		

3) 将工件右端内轮廓各加工基点坐标填写在表 5-8 中。

表 5-8 工件右端内轮廓各加工基点坐标汇总表

基点	X 坐标	Z 坐标	基点	X 坐标	Z 坐标
O			C		
A			D		
B			E		

步骤二：螺纹加工相关尺寸计算

1. M44×1.5 外螺纹相关尺寸计算

实际车削时的直径为

$$d_{计} = d - 0.1P = 44 - 0.1 \times 1.5 = 43.85 \text{（mm）}$$

螺纹实际小径为

$$d_{1计} = d - 1.3P = 44 - 1.3 \times 1.5 = 42.05 \text{（mm）}$$

8) 套类零件的加工较外圆柱面加工难度稍大一些，因受刀体强度、排屑状况的影响，在安排每次切削深度、进给量时要小一些。

9) 在加工内轮廓时，起刀点 X 方向要比麻花钻钻的底孔直径小 2mm 或等于底孔直径。

5-8 内螺纹加工指令 G92

（1）指令格式

G92 X(U)__ Z(W)__ F __;

（2）参数说明

X、Z：螺纹终点的绝对坐标；

U、W：螺纹终点相对循环起点的相对坐标；

F：螺纹导程（当螺纹为单线螺纹时，为螺距）；

5-9 内螺纹加工注意事项

1) 内螺纹车削与外螺纹的加工基本相同，均采用 G92 指令，但是进、退刀方向相反。车削内螺纹时，由于刀杆细长、刚度差、切屑不易排出、切削液不易进入以及观察不方便等原因，比车外螺纹要困难。

2) 安装内螺纹车刀时，车刀刀尖要对准工件的回转中心。车刀安装得过高，车削时易产生振动；安装得过低，刀头下部与工件易发生摩擦，车刀切不进去。

3) 车内螺纹进刀和退刀时要注意防止刀具与工件相撞。在工件轴向，内螺纹车刀在孔底（特别是车不通孔时）要留有一定的安全距离，避免与底孔碰撞；在工件径向，退刀时应防止与孔壁碰撞，如图 5-6 所示。

4) 车削内螺纹过程中，工件旋转时，不得将手伸入孔内，更不能用棉纱擦，以免发生事故。

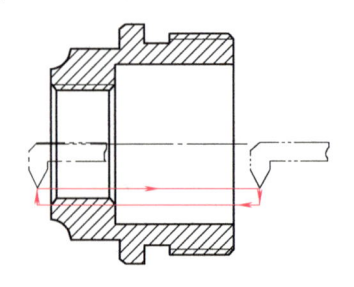

图 5-6 内螺纹车刀退刀示意图

2. M24×1.5 内螺纹相关尺寸计算

实际车削时的直径为

$$D_{孔} = D - P = 24 - 1.5 = 22.5 \text{（mm）}$$

步骤三：编制加工程序

1. 工件左端外轮廓加工程序

编写工件左端外轮廓的加工程序，并直接输入到机床。

2. 工件左端内轮廓加工程序

工件左端内轮廓加工参考程序见表 5-9。

表 5-9 工件左端内轮廓加工参考程序

程序段号	程序内容	说明
	程序号 O0501	
N10	T0202 G99;	调用 2 号内孔车刀
N20	M03 S1000;	主轴正转，转速为 1000r/min
N30	G00 X100 Z100;	刀具快速定位
N40	X20 Z4;	快速定位起刀点
N50	G71 U1 R1;	
N60	G71 P70 Q110 U-0.5 F0.2;	X 方向精加工余量为 -0.5mm
N70	G00 X25;	
N80	G01 Z0;	
N90	X21.5 Z-1;	
N100	Z-14;	
N110	X20;	
N120	G00 X100 Z100;	
N130	T0202 M03 S1200;	
N140	G00 X20 Z4;	
N150	G70 P70 Q110 F0.1;	
N160	G00 X100 Z200;	
N170	M30;	

3. 工件右端外轮廓加工程序

编写工件右端外轮廓加工程序，并直接输入到机床。

5-10 内径百分表

内径百分表主要由百分表、测架、可换测头、摆动块、杆、固定测头等组成，如图 5-7a 所示。

内径百分表主要用于测量精度较高而且又较深的孔。测量，应使内径百分表对准零位。使用内径百分表进行测量时，必须左右摆动百分表（见图 5-7b），测量所得的最小数值就是孔径的实际尺寸。

内径百分表

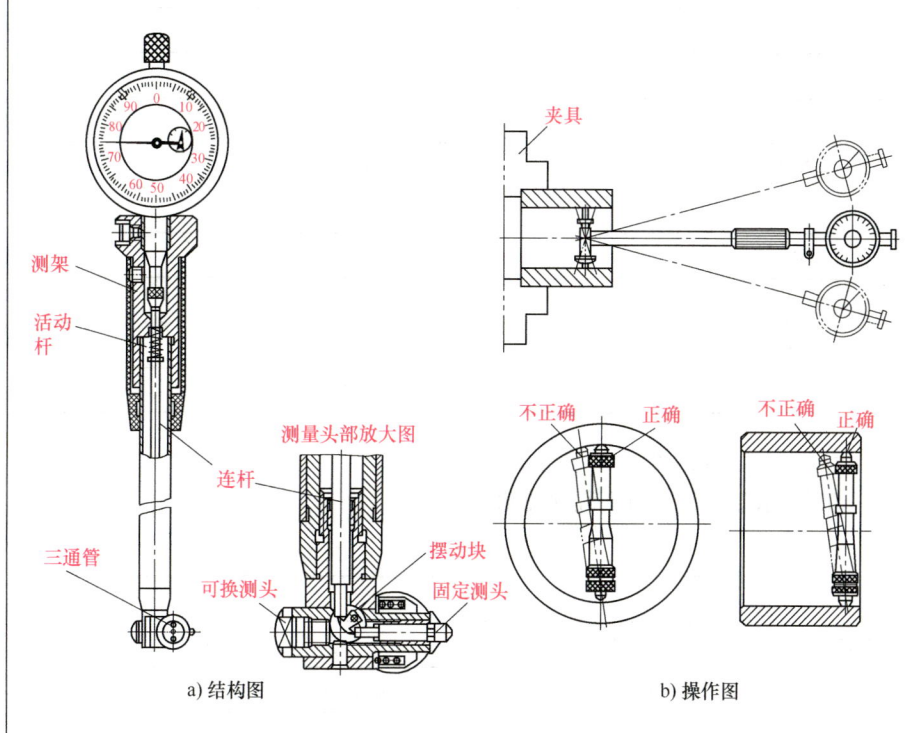

a) 结构图 b) 操作图

图 5-7 内径百分表

4. 工件右端外螺纹加工程序

编写工件右端外螺纹加工程序，并直接输入到机床。

5. 工件右端内轮廓加工程序

编写工件右端内轮廓加工程序，并填入表 5-10。

表 5-10　工件右端内轮廓加工参考程序

程序号 O0502			
程序段号	程序内容	程序段号	程序内容
N10		N100	
N20		N110	
N30		N120	
N40		N130	
N50		N140	
N60		N150	
N70		N160	
N80		N170	
N90		N180	

6. 工件左端内螺纹加工程序

工件左端内螺纹加工程序见表 5-11。

表 5-11　工件左端内螺纹加工参考程序

程序号 O0503		
程序段号	程序内容	说明
N10	T0404 G99；	调用 4 号内螺纹车刀
N20	M03 S400；	主轴正转，转速为 400r/min
N30	G00 X100 Z100；	刀具快速定位
N40	X20 Z4；	快速定位起刀点
N50	G92 X21.8 Z-39 F1.5；	螺纹加工第 1 刀
N60	X22.2；	螺纹加工第 2 刀
N70	X22.6；	螺纹加工第 3 刀

(续)

程序段号	程序内容	说明
N80	X23.0；	螺纹加工第 4 刀
N90	X23.3；	螺纹加工第 5 刀
N100	X23.6；	螺纹加工第 6 刀
N110	X23.8；	螺纹加工第 7 刀
N120	X24.0；	螺纹加工第 8 刀
N130	X24.0；	螺纹加工第 9 刀
N140	G00　X100　Z200；	快速退刀
N150	M05；	主轴停止
N160	M30；	程序停止

任务测评

1. 知识测评

确定本任务的关键词,按重要程度进行关键词排序并举例解读。

根据自己对重要信息捕捉、排序、表达、创新和划分权重的能力进行自评,满分为100分,见表5-12。

表5-12 编制连接套筒加工程序知识测评表

序号	关键词	举例解读	自评评分
1			
2			
3			
4			
5			
总分			

2. 能力测评

对表5-13所列作业内容进行测评,操作规范即得分,操作错误或未操作得零分。

表5-13 编制连接套筒加工程序能力测评表

序号	能力点	配分	得分
1	工件基点计算	30	
2	螺纹加工相关尺寸计算	30	
3	编制加工程序	40	
总分		100	

3. 素养测评

对表5-14所列素养点进行测评,做到即得分,未做到得零分。

表5-14 编制连接套筒加工程序素养测评表

序号	素养点	配分	得分
1	学习纪律	20	
2	工具使用、摆放	20	
3	态度严谨认真、一丝不苟	20	
4	互相帮助、团队合作	20	
5	学习环境"7S"管理	20	
总分		100	

4. 拓展训练

1)请列举出在编制连接套筒加工程序过程中易出现的问题,分析产生问题的原因并制定解决方案。

2)请按下列思维导图格式,对编制连接套筒加工程序的学习收获进行总结。

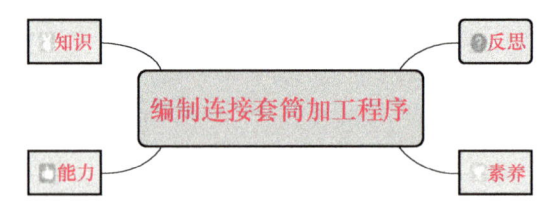

任务三　加工连接套筒

任务实施

步骤一：加工准备工作

仔细检查工、量具以及机床的准备情况，填写表5-15和表5-16。

表 5-15　工、量具的准备

检查内容	工具	刀具	量具	毛坯
检查情况				

注：经检查后该项完好，在相应项目下打"√"；若出现问题应及时调整。

表 5-16　机床的准备

检查部分	机械部分				电气部分			数控系统部分		辅助部分	
	主轴部分	进给部分	刀架部分	尾座	主电源	冷却风扇	电器元件	控制部分	驱动部分	冷却	润滑
检查情况											

注：经检查后该项完好，在相应项目下打"√"；若出现问题及时报修。

步骤二：加工连接套筒

按照表5-17所列的操作流程，操作数控车床，完成连接套筒的加工。

表 5-17　连接套筒加工操作流程

加工零件	连接套筒	设备编号	F01
		设备名称	数控车床
		操作员	
操作项目	操作步骤	操作要点	
开始	1) 装夹工件 2) 装夹刀具	工件伸出长度应合适，刀具安装角度应准确	
对刀试切	1) 试切端面外圆 2) 测量并输入刀补	用MDI方式执行刀补，可通过检查刀尖位置与坐标显示是否一致检查刀补的正确性	

相关知识

5-11　内孔车刀对刀

内孔车刀因为其加工在工件的孔内进行，因此对刀过程相对于外圆加工复杂一些，但其目的是相同的，就是通过对刀来使工件的工作原点与编程原点统一。

内孔车刀常用的对方方式是试切法对刀，如图5-8所示。

1) Z方向对刀。内孔车刀对刀前，工件需先钻好底孔，用外圆车刀车好端面，内孔车刀快速靠近工件底孔端面处，在手动控制状态下轻碰端面，此位置为工件$Z0$方向，如图5-8a所示。

2) X方向对刀。X方向对刀类似于外圆车刀对刀，用车刀在手动控制状态下车内孔，背吃刀量为$0.5\sim1.5\mathrm{mm}$，深度为$5\sim10\mathrm{mm}$，然后沿$+Z$返回，测量此时的内孔直径，将其值输入到相应的刀具长度补偿中，如图5-8b所示。

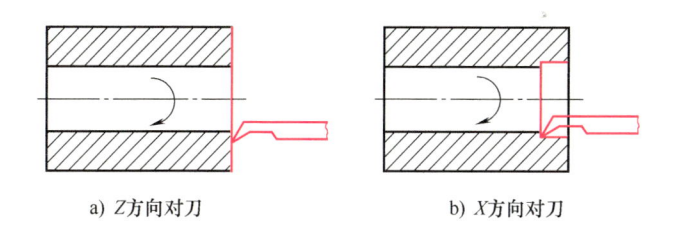

a) Z方向对刀　　　b) X方向对刀

图 5-8　内孔车刀对刀示意

5-12　内螺纹车刀对刀

1) Z方向对刀。如图5-9a所示，用内螺纹车刀试切，长度为$5\sim10\mathrm{mm}$，然后沿$+Z$方向退出车刀，停车测出内孔直径，将其值输入至相应的刀具长度补偿中。

(续)

操作项目	操作步骤	操作要点
输入、编辑程序	编辑方式下,完成程序的输入	注意程序代码、指令格式,输好后对照原程序检查一遍
空运行检查	在自动方式下用MST辅助功能将机床锁住,打开空运行,调出图形窗口,设置好图形参数,开始执行空运行检查	检查刀路轨迹与编程轮廓是否一致,结束空运行后,注意回到机床初始坐标状态
单段试运行	自动加工开始前,先按下"单段循环"键,然后按下"循环启动"按钮	单段循环开始时,进给及快速倍率由低到高,运行中主要检查刀尖位置和程序轨迹是否正确
自动连续加工	关闭"单段循环"功能,执行连续加工	注意监控程序的运行。如发现加工异常,按进给保持键。处理好后,恢复加工
刀具补偿调整尺寸	粗车后,加工暂停,根据实测工件尺寸,进行刀补的修正	实测工件尺寸,如偏大,用负值修正刀偏,反之用正值修正刀偏

2) X方向对刀。如图 5-9b 所示,移动内螺纹车刀,使刀尖与工件端面平齐(借助金属直尺对齐),然后将刀具位置数据输入至相应的刀具长度补偿中。

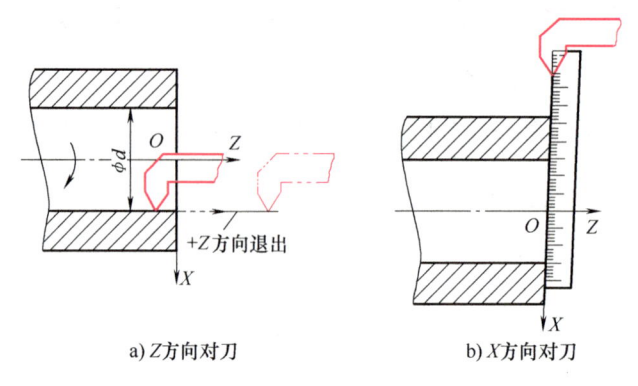

a) Z方向对刀　　b) X方向对刀

图 5-9　内螺纹车刀对刀示意图

任务测评

1. 知识测评

确定本任务的关键词,按重要程度进行关键词排序并举例解读。

根据自己对重要信息捕捉、排序、表达、创新和划分权重的能力进行自评,满分为100分,见表5-18。

表5-18 加工连接套筒知识测评表

序号	关键词	举例解读	自评评分
1			
2			
3			
4			
5			
总分			

2. 能力测评

对表5-19所列作业内容进行测评,操作规范即得分,操作错误或未操作得零分。

表5-19 加工连接套筒能力测评表

序号	能力点	配分	得分
1	加工准备工作	30	
2	加工连接套筒	70	
总分		100	

3. 素养测评

对表5-20所列素养点进行测评,做到即得分,未做到得零分。

表5-20 加工连接套筒素养测评表

序号	素养点	配分	得分
1	学习纪律	20	
2	工具使用、摆放	20	
3	态度严谨认真、一丝不苟	20	
4	互相帮助、团队合作	20	
5	学习环境"7S"管理	20	
总分		100	

4. 拓展训练

1)请列举出在加工连接套筒过程中易出现的问题,分析产生问题的原因并制定解决方案。

2)请按下列思维导图格式,对加工连接套筒的学习收获进行总结。

任务四 检测连接套筒

任务实施

步骤一：检测准备工作

仔细校验所需量具，填写表5-21。

表 5-21 量具校验

检查内容	游标卡尺	25~50mm千分尺	内径百分表	螺纹环规	螺纹塞规
检查情况					

注：经检查后该项完好，在相应项目下打"√"；若出现问题应及时调整。

步骤二：检测连接套筒

检测连接套筒并填写表5-22。

表 5-22 连接套筒加工质量评分表

序号	项目	内容	配分	评分标准	检测结果	得分
1	直径	$\phi38_{-0.033}^{0}$mm	10	超差0.01mm扣1分，扣完为止		
2		$\phi48\pm0.02$mm	10			
3		$\phi32_{0}^{+0.04}$mm	10			
4		$\phi30$mm、$\phi40$mm	4	超差1处扣2分		
5	长度	37 ± 0.04mm	10	超差0.01mm扣1分，扣完为止		
6		$14_{0}^{+0.04}$mm	10			
7		$24_{0}^{+0.04}$mm	10			
8		13mm、18mm	4	超差1处扣2分		
9	圆弧	$R4$mm	2	超差不得分		
10	螺纹	M24×1.5	10	超差不得分		
11		M44×1.5	12	超差不得分		
12	其他	倒角（4处）	4	超差1处扣1分		
13		$Ra1.6\mu m$（2处）	4	超差不得分		
		综合得分		100		

相关知识

5-13 内螺纹的检测

测量内螺纹一般采用螺纹塞规，测量时若螺纹塞规通端能顺利拧入，止端拧不进，则说明螺纹合格。检查不通孔螺纹时，螺纹塞规（图5-10）通端拧进的长度应达到图样要求的长度。

图 5-10 螺纹塞规

5-14 游标深度卡尺的使用方法

使用游标深度卡尺进行测量时，应先把测量基座轻轻压在工件的基准面上（两个端面必须接触工件的基准面），如图5-11a所示。测量轴类等的台阶时，测量基座的端面一定要压紧在基准面上，如图5-11b、c所示，再移动尺身，直到尺身的端面接触到工件的测量面（台阶面），然后用紧固螺钉固定尺框，提起卡尺，读出深度尺寸。多台阶小直径的内孔深度测量，要注意尺身的端面是否在要测量的台阶上，如图5-11d所示。当基准面是曲面时，如图5-11e所示，测量基座的端面必须放在曲面的最高点上，测量出的深度尺寸才是工件的实际尺寸，否则会出现测量误差。

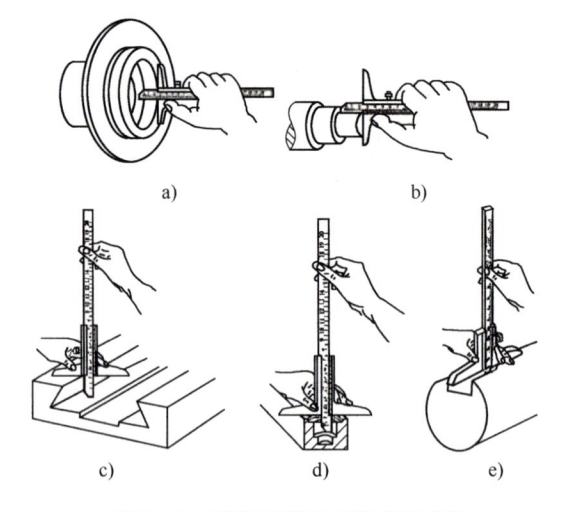

图 5-11 游标深度卡尺的使用方法

任务测评

1. 知识测评

确定本任务的关键词,按重要程度进行关键词排序并举例解读。

根据自己对重要信息捕捉、排序、表达、创新和划分权重的能力进行自评,满分为100分,见表5-23。

表5-23 检测连接套筒知识测评表

序号	关键词	举例解读	自评评分
1			
2			
3			
4			
5			
总分			

2. 能力测评

对表5-24所列作业内容进行测评,操作规范即得分,操作错误或未操作得零分。

表5-24 检测连接套筒能力测评表

序号	能力点	配分	得分
1	检测准备工作	30	
2	检测连接套筒	70	
总分		100	

3. 素养测评

对表5-25所列素养点进行测评,做到即得分,未做到得零分。

表5-25 检测连接套筒素养测评表

序号	素养点	配分	得分
1	设备及工、量具检查	25	
2	加工安全防护	25	
3	量具清洁校准	25	
4	工位摆放"5S"管理	25	
总分		100	

4. 拓展训练

1)请列举出在检测连接套筒过程中易出现的问题,分析产生问题的原因并制定解决方案。

2)请按下列思维导图格式,对检测连接套筒的学习收获进行总结。

学习成果

一、成果描述

根据所学，识读图 5-12 所示连接套筒零件图并进行加工。

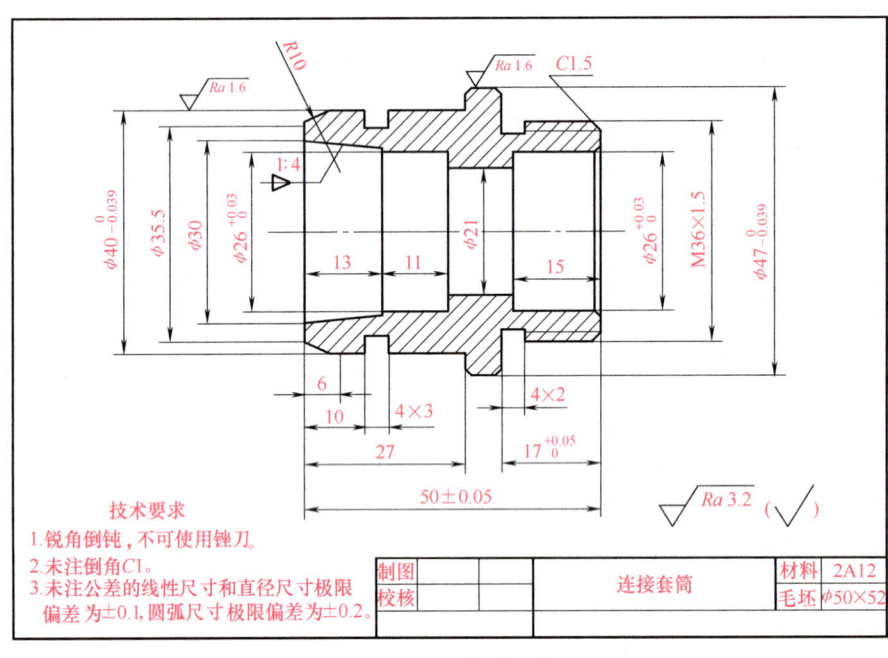

图 5-12 连接套筒零件图

技术要求
1. 锐角倒钝，不可使用锉刀。
2. 未注倒角C1。
3. 未注公差的线性尺寸和直径尺寸极限偏差为±0.1，圆弧尺寸极限偏差为±0.2。

材料：2A12
毛坯：φ50×52

二、实施准备

（一）学生准备

学生在按照教学进度计划已经完成了以下学习任务并达到了75分以上后，可进行该学习成果的实施。

1) 理解并完成学习成果需要的相关知识和方法的学习，得分>75分。
2) 运用学习成果需要的相关知识和方法进行作业，得分>75分。
3) 按时、按质、按量完成相应作业，得分>80分。
4) 具有自觉遵守技术标准的要求和规定、规范操作、安全、环保、"7S"作业、团结协作的好习惯，得分>80分。
5) 能制订连接套筒加工工艺并进行加工。

（二）教师准备

1) 在安排学生实施学习成果前，通过课堂问题研讨、作业、实训和考核及其他方式，确认学生已经具备了实施学习成果所需的知识、技能和素养，并确保学生独立进行操作。
2) 对学生自评、小组互评、教师评价进行测评方法培训，明确评价的意义和重要性，确保测评结果的准确性和公平性。
3) 准备好测评记录。

三、考核方法与标准

1) 评价监管：组长监控小组成员自评结果，教师监控小组互评结果，教师最终评价。
2) 详细记录学生在实施学习成果过程中的方法步骤、完成时间以及出现错误等情况，要求在150min内完成。
3) 考核内容及标准见表5-26。

表 5-26 考核内容及标准

序号	项目	内容	配分	评分标准	检测结果	得分
1	外圆	$\phi 40_{-0.039}^{0}$ mm	10	超差0.01mm扣1分，扣完为止		
2		$\phi 26_{0}^{+0.03}$ mm（2处）	14			
3		$\phi 47_{-0.039}^{0}$ mm	8			
4		$\phi 30$ mm	5	超差不得分		
5		$\phi 35.5$ mm	5	超差不得分		
6		$\phi 21$ mm	5	超差不得分		
7	长度	50 ± 0.05 mm	8	超差0.01mm扣1分，扣完为止		
8		$17_{0}^{+0.05}$ mm	8			
9		13mm、11mm、15mm、10mm、27mm	12	超差1处扣2分		
10	圆弧	$R10$ mm	3	超差不得分		
11	螺纹	M36×1.5	8	超差不得分		
12	槽	4mm×3mm、4mm×2mm	6	超差不得分		
13	表面粗糙度	$Ra1.6\mu$m（2处）	4	超差1处扣2分		
14	其他	倒角4处	4	超差1处扣1分		
		综合得分	100			

拓展阅读：大国工匠：蝉联世界技能大赛金牌的优秀教练鲁宏勋

鲁宏勋是航空工业导弹院高级技师、集团公司首席技能专家，曾先后获得中国高技能人才楷、中华技能大奖、全国技术能手、全国五一劳动奖章等多项荣誉，被评为中原大工匠。他带领队员蝉联第43届、44届、45届世界技能大赛数控铣项目金牌，获得了广泛赞誉。

作为第45届世界技能大赛数控铣项目中国技术指导专家教练组长，鲁宏勋从2018年8月开始，就启动了国家队队员的选拔和集训工作。他凭借多年的经验在集训方案中明确提出了"多手准备，不留死角，充分验证，平战结合，符合标准"的集训工作指导思想，提出"人无我有，人有我优，精益求精，技高一筹"的集训要求。

为了让选手适应不同的比赛环境，鲁宏勋采取走训的方法，把选手拉到北京、广州、广西、河南等多地进行训练、考核，锻炼选手在不同环境下的技术准备和适应环境的能力，而且整个集训过程采取盲题考核，试题难度远远超过世赛的技术要求。经过17轮的筛选和一年多的训练，鲁宏勋带领的队员克服了来自多方面的压力和干扰，厚积薄发，一举拿下该项目世界技能大赛金牌，实现了三连冠，为祖国赢得了荣誉。

在行业内外，鲁宏勋是出了名的数控领域技术专家，他总是细心、耐心地将自己的经验无私地传授给同行以及单位的员工，促进了数控加工技术的进步和发展。在赛场，他是一名经验丰富的教练，总能把自己的知识教给参加竞赛的选手，使选手们取得优异的成绩。他用自己的实际行动践行着航空报国、航空强国的使命担当，展现出了航空人的高技能风采。

项目六　闷盖的数控铣削加工

项目描述

依据数控铣工国家职业标准相关规定制订如图 6-1 所示闷盖的加工工艺，编制程序，加工出合格的工件，并完成质量检测。

项目要求

1）制订闷盖的加工工艺。
2）编制闷盖的加工程序。
3）按图样要求加工闷盖。

学习目标

1）能按照数控铣工国家职业标准的要求，正确制订闷盖的加工工艺。
2）能为闷盖加工选择合适的夹具、刀具、量具。
3）能为加工闷盖编写正确的数控加工程序。
4）能正确操作数控铣床加工出合格的闷盖。
5）能严格遵守数控铣工的操作规程，并能自觉执行车间的"7S"管理规范，养成精益求精的职业素养。
6）养成正确的劳动态度，弘扬劳动精神。

学习载体

本项目加工闷盖，零件图如图 6-1 所示。

技术要求
1.锐边去毛刺。
2.未注线性尺寸的极限偏差为±0.15。

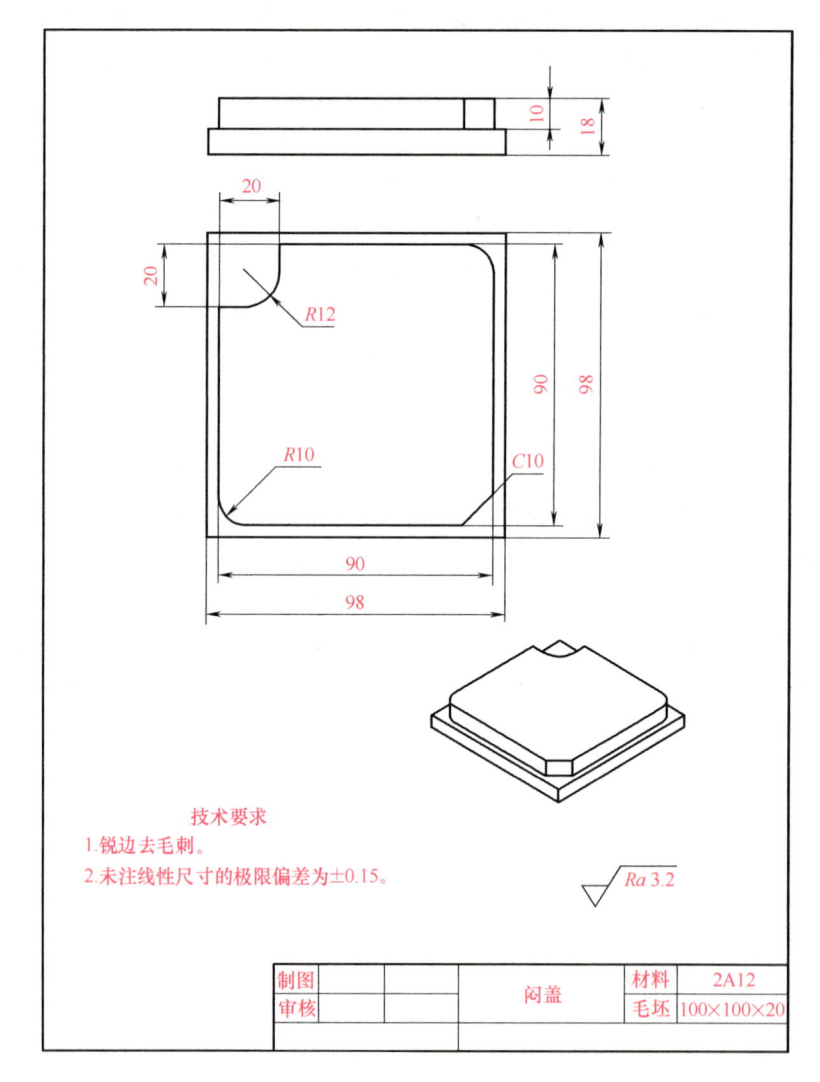

$\sqrt{Ra\ 3.2}$

制图		闷盖	材料	2A12
审核			毛坯	100×100×20

图 6-1　闷盖零件图

任务一　制订闷盖加工工艺

任务实施

步骤一：识读图样

1. 标题栏

如图 6-1 所示，工件毛坯尺寸为 100mm×100mm×20mm，毛坯材料为 2A12 铝合金。

2. 分析尺寸

1) 该零件主要加工面为平面、直线轮廓、倒角和圆弧。

2) 闷盖底部外形尺寸为 98mm×98mm，凸台尺寸为 90mm×90mm，缺角处尺寸为 20mm×20mm。

3) 工件总厚尺寸为 18mm，第一级台阶深度尺寸为 10mm，第二级台阶深度为 18mm−10mm=8mm。

3. 技术要求

1) 锐边去毛刺。

2) 未注线性尺寸的极限偏差为 ±0.15mm。

步骤二：选择刀具

1) 面铣刀（ϕ60mm）1 把。

2) ϕ10mm 立铣刀 1 把。

步骤三：确定装夹方案

1. 夹具选择

选用机用平口钳安装工件。

2. 装夹顺序

1) 第一次装夹选择工件顶面，选择合适厚度的垫铁，让工件表面伸出钳口 10~15mm，此处取 13mm，加工工件的底平面和轮廓。

2) 第二次装夹选择已经加工好的工件底面，选择合适厚度的垫铁，让工件表面伸出钳口 12~17mm，此处取 15mm。

相关知识

6-1　识读零件图样

图样识读项目	主要内容	备注
读标题栏	了解零件名称，图形比例，材料牌号，毛坯规格，工件重量，加工数量等	
读视图	识读各个视图，了解几何特征要素、重要的加工尺寸、几何公差要求、表面粗糙度要求等	
读技术要求	了解图样中表达的信息之外的内容，如工件修整要求、未注尺寸公差、注意事项等	

6-2　铣刀

铣床用刀具及用途

铣刀类别	图示	结构与材质	加工工艺范围
面铣刀		采用焊接式或拆分式结构，刀片材质多为硬质合金	铣削大平面
立铣刀		多采用整体式，刀具材料为高速钢、硬质合金、陶瓷等	铣平面，侧面内、外轮廓，键槽

步骤四：制订加工工艺

1. 确定工件坐标系原点

工件在 XY 平面上为一正方形，选择正方形的中心位置为 X 轴、Y 轴的原点位置，选择工件的上表面为 Z 轴原点位置。

2. 拟订加工工艺路线

1) 工序 1 加工路线

正面装夹，夹持毛坯面，以手动方式铣平面（φ60mm 面铣刀）→粗铣底面外形 98mm×98mm（φ10mm 立铣刀）→精铣底面外形 98mm×98mm。

2) 工序 2 加工路线

反面装夹，夹持工件 98mm 对边→粗铣正面外形轮廓→精铣正面外形轮廓。

3. 确定切削用量

闷盖加工的切削用量按照表 6-1 确定。

表 6-1 闷盖加工的切削用量

刀具类型	粗铣				精铣			
	主轴转速 $n/(r/min)$	背吃刀量 a_p/mm	侧吃刀量 a_e/mm	进给速度 $F/(mm/min)$	主轴转速 $n/(r/min)$	背吃刀量 a_p/mm	侧吃刀量 a_e/mm	进给速度 $F/(mm/min)$
面铣刀	1200	0.5	48	400	1200	0.2	48	400
立铣刀	1200	4	4	400	1800	0.2	0.1	300

步骤五：编制加工工序卡

根据步骤四制订的加工工艺，填写表 6-2 加工工序卡。

6-3 数控铣床夹具的选用原则

1) 尽量选用已有通用夹具，以减少装夹次数。

2) 尽量在一次装夹中加工出零件上所有要加工表面，以减少装夹次数。

3) 零件定位基准应尽量与设计基准重合，以减少定位误差对尺寸精度的影响。

6-4 数控铣床常用装夹方式

装夹方式	示意图	特点	应用
机用平口钳装夹		装夹操作简单，夹持范围大，夹持力大	主要用于装夹对边有平行面的工件，如立方体、正六棱柱等

6-5 闷盖加工工艺路线的拟订方法

闷盖数控铣加工的工艺路线拟订需遵从以下原则。

（1）装夹优先原则　在制订工艺路线时，需考虑前序工序完成后，下一道工序的装夹是否方便可靠。

（2）先粗后精原则　先安排粗加工工序，保证余量去除效率，后安排精加工工序，保证加工精度。

（3）先主后次原则　先完成工件上主要表面的加工，后完成次要表面的加工。

6-6 铣削切削参数的确定方法

通常将铣削速度 v_c、进给量 f、铣削深度（背吃刀量 a_p）和铣削宽度（侧吃刀量 a_e）称为铣削用量四要素，如图 6-2 所示。

表6-2 闷盖加工工序卡

零件名称		零件图号		系统		加工材料	
程序名称				使用夹具			

工序装夹图

工步	工步内容	刀具	切削用量			
			主轴转速 $n/(\text{r/min})$	进给量 $f/(\text{mm/r})$	侧吃刀量 a_e/mm	背吃刀量 a_p/mm
1						
2						
3						
4						
5						
6						

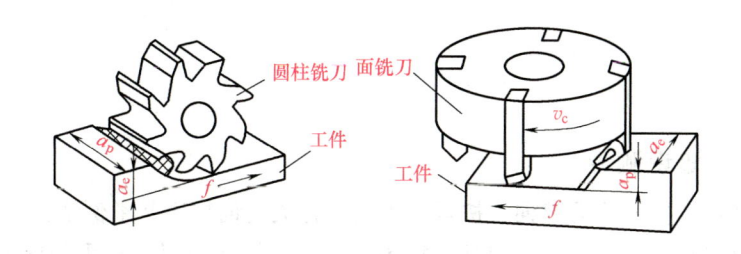

图6-2 铣削运动及铣削用量

1. 铣削速度 v_c

铣削速度即铣刀最大直径处的线速度,可用下式表示:

$$v_c = \pi D n / 1000$$

式中 D——铣刀切削刃上最大直径(mm);

n——铣刀转速(r/min)。

铣床主轴转速采用每分钟转速表示,单位为 r/min。可通过选择一定的铣刀转速 n 来获得所需要的铣削速度 v_c。生产中根据刀具材料和工件材料来选择合适的切削速度,然后计算出铣刀转速 n。

2. 进给量 f

铣削进给量用每分钟进给时 f(mm/min)表示,指每分钟内工件相对铣刀沿进给方向移动的距离。

3. 铣削深度 a_p 和铣削宽度 a_e

如图6-2所示,铣削深度 a_p 指平行于铣刀轴线方向上切削层的厚度(mm),铣削宽度 a_e 指垂直于铣刀轴线方向的切削层的宽度(mm)。

任务测评

1. 知识测评

确定本任务的关键词,按重要程度进行关键词排序并举例解读。

根据自己对重要信息捕捉、排序、表达、创新和划分权重的能力进行自评,满分为100分,见表6-3。

表6-3 制订闷盖加工工艺知识测评表

序号	关键词	举例解读	自评评分
1			
2			
3			
总分			

2. 能力测评

对表6-4所列作业内容进行测评,操作规范即得分,操作错误或未操作得零分。

表6-4 制订闷盖加工工艺能力测评表

序号	能力点	配分	得分
1	识读图样	15	
2	选择刀具	10	
3	确定装夹方案	15	
4	制订加工工艺	30	
5	编制加工工序卡	30	
总分		100	

3. 素养测评

对表6-5所列素养点进行测评,做到即得分,未做到得零分。

表6-5 制订闷盖加工工艺素养测评表

序号	素养点	配分	得分
1	学习纪律	20	
2	工具使用、摆放	20	
3	态度严谨认真、一丝不苟	20	
4	互相帮助、团队合作	20	
5	学习环境"7S"管理	20	
总分		100	

4. 拓展训练

1)请列举出在制订闷盖加工工艺过程中易出现的问题,分析产生问题的原因并制定解决方案。

2)请按下列思维导图格式,对制订闷盖加工工艺的学习收获进行总结。

任务二　编制闷盖加工程序

任务实施

一、编制底面轮廓的加工程序

步骤一：确定底面轮廓的走刀路线

1. 确定底面轮廓的各基点

在表 6-6 中标出轮廓 A 上的各几何基点，将坐标填入表中。

表 6-6　基点坐标

基点	X 坐标	Y 坐标
1		
2		
3		
4		
5		

其他点坐标：加工深度 Z = (　　　)；起刀点(　　　)；下刀点(　　　)；切入起点(　　　)；切出终点(　　　)

2. 选定下刀点和切入切出点

选定数控加工的下刀点 P，切入点 T，切出点 Q，并标记

3. 绘制走刀路线

绘制底面轮廓加工的走刀路线。

步骤二：编写底面轮廓的加工程序

编写底面轮廓加工程序并填入表 6-7。

相关知识

6-7　数控加工程序的格式与组成

数控加工程序是由遵循一定结构、句法和格式规则的若干个程序段组成的，每个程序段是由若干个指令字组成的。

一个完整的数控加工程序由程序号、程序主体和程序结束三部分组成，如图 6-3 所示。

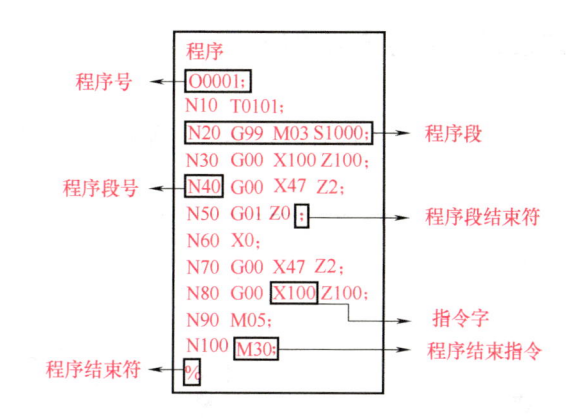

图 6-3　程序的结构

6-8　轮廓加工各基点的含义（见图 6-4）

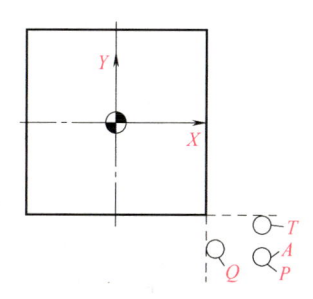

图 6-4　轮廓加工各基点

表6-7 底面轮廓加工参考程序

程序段号	程序内容	说明
N10		
N20		
N30		
N40		
N50		
N60		

二、编制顶面凸台的加工程序

步骤一：确定顶面凸台的走刀路线

1. 确定顶面凸台的各基点

在表6-8中标出顶面凸台上的各几何基点，将坐标填入表中。

表6-8 几何基点

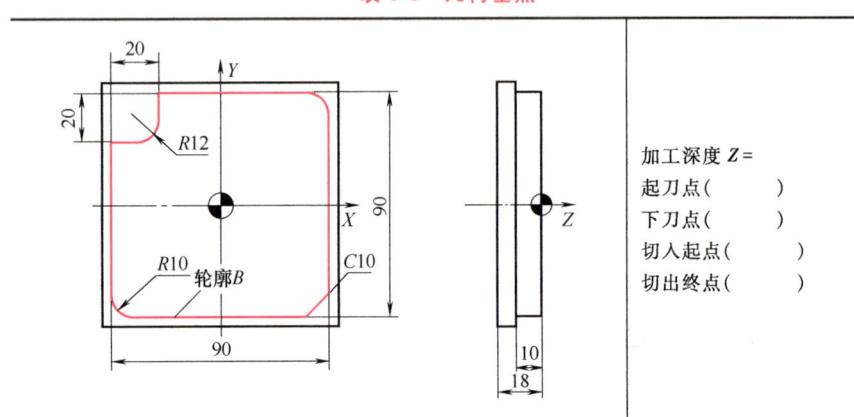

加工深度 Z＝
起刀点（　　）
下刀点（　　）
切入起点（　　）
切出终点（　　）

基点	X坐标	Y坐标	基点	X坐标	Y坐标
1			7		
2			8		
3			9		
4			10		
5			11		
6					

(1) 起刀点 A　在数控铣床上加工零件时，刀具相对于零件的起点。通常选择某个固定位置作为起刀点，基本原则是便于测量和换刀。

(2) 下刀点 P　刀具在工件深度方向进到的位置，外轮廓加工选择在工件最大轮廓外面，并且在下刀过程中不发生干涉与碰撞。

(3) 轮廓节点　轮廓各几何要素的端点位置，是走刀的重要位置。

(4) 切入起点 T　刀具从外围向轮廓开始切入的位置，通常是切线方向。

(5) 切出终点 Q　刀具在完成轮廓加工后，从最后一段轮廓切出的位置。

6-9　G00、G01指令解析

1. G00指令

(1) 指令格式　G00 X＿＿　Y＿＿；

(2) 参数说明　X、Y：绝对编程时目标点在工件坐标系中的坐标；进给速度由基础内部系统设定。

(3) 指令功能　G00指令刀具相对于工件以各轴预先设定的速度，从当前位置快速移动到程序段指令的定位目标点。

(4) 注意事项

1) G00为模态指令，可由G01、G02、G03或G33功能注销。

2) 快速移动速度可通过面板上的进给修调旋钮修正。

3) G00一般用于加工前的快递定位或加工后的快速退刀。

2. G01指令

(1) 指令格式　G01 X＿＿　Y＿＿　F＿＿；

(2) 参数说明　X、Y：绝对编程时目标点在工件坐标系中的坐标；
　　　　　　　F：进给速度。

(3) 指令功能　直线插补。

(4) 注意事项

1) G01指令使刀具以一定的进给速度，从所在点出发，直线移动到目标点，通常完成一个切削加工过程。

2) G01程序段中必须含有F指令值或已经在之前的01组代码中指定F值；G01为模态指令，F指令字也具备模态功能。

2. 选定下刀点和切入切出点

选定数控加工的下刀点 P、切入点 T、切出点 Q，并标记。

3. 绘制走刀路线

绘制顶面凸台加工的走刀路线图。

步骤二：编写顶面凸台加工程序

编写顶面凸台加工程序并填入表 6-9。

表 6-9 顶面凸台加工参考程序

程序段号	程序内容	说明
N10		
N20		
N30		
N40		
N50		
N60		
N70		

6-10 G00、G01 编程注意事项

1）编写程序的过程中应注意基点坐标数据是否输入正确；

2）遇到程序语法报警，应检查指令代码格式是否输入错误；

3）程序运行前，应检查下刀点，切入、切出程序段是否会发生干涉。

任务测评

1. 知识测评

确定本任务的关键词，按重要程度进行关键词排序并举例解读。

根据自己对重要信息捕捉、排序、表达、创新和划分权重的能力进行自评，满分为100分，见表6-10。

表6-10 编制闷盖加工程序知识测评表

序号	关键词	举例解读	自评评分
1			
2			
3			
4			
5			
		总分	

2. 能力测评

对表6-11所列作业内容进行测评，操作规范即得分，操作错误或未操作得零分。

表6-11 编制闷盖加工程序能力测评表

序号	能力点	配分	得分
1	编制底面轮廓的加工程序	50	
2	编制顶面凸台的加工程序	50	
	总分	100	

3. 素养测评

对表6-12所列素养点进行测评，做到即得分，未做到得零分。

表6-12 编制闷盖加工程序素养测评表

序号	素养点	配分	得分
1	学习纪律	20	
2	工具使用、摆放	20	
3	态度严谨认真、一丝不苟	20	
4	互相帮助、团队合作	20	
5	学习环境"7S"管理	20	
	总分	100	

4. 拓展训练

1）请列举出在编制闷盖加工程序过程中易出现的问题，分析产生问题的原因并制定解决方案。

2）请按下列思维导图格式，对编制闷盖加工程序的学习收获进行总结。

任务三 加工闷盖

任务实施

步骤一：准备工作

仔细检查工、量具以及机床的准备情况，填写表6-13和表6-14。

表6-13 工、量具的准备

检查内容	工具	刀具	量具	毛坯
检查情况				

注：经检查后该项完好，在相应项目下打"√"；若出现问题应及时调整。

表6-14 机床的准备

检查部分	机械部分			数控系统部分			辅助部分		
	主轴	工作台	防护门	操作面板	系统面板	驱动系统	冷却、润滑装置	气动装置	夹具
检查情况									

步骤二：加工操作过程

按照表6-15所列的操作步骤，操作数控铣床，完成闷盖的加工。

表6-15 闷盖加工操作过程

加工零件	闷盖	设备编号	X01
		设备名称	数控车床
		操作员	
操作项目	操作步骤	操作要点	
开始	1) 装夹工件 2) 装夹铣刀	工件表面伸出长度应合适并夹牢，安装刀具要注意伸出长度	
对刀试切	试切法对刀	对刀完毕后检查是否准确	
输入程序	在编辑方式下，完成程序的输入	注意程序代码、指令格式，输好后对照原程序检查一遍	

相关知识

6-11 工件装夹

长方体工件选择机用平口钳安装，装夹工件时根据工件上表面超出钳口的高度来选择垫铁的高度，选择对边平行度较好的面作为装夹面，夹持位置处于钳口的中间，以保证工件夹持可靠。在装夹时应注意如下几点。

1) 张开机用平口钳时，张开量应略大于工件对边距离。

2) 左手向下按住工件，右手操作机用平口钳扳手夹牢工件。

3) 夹持完毕，用金属直尺测量工件伸出长度。

平口钳的种类

6-12 试切法设定G54工件坐标系

1) 试切法设定G54工件坐标系的操作流程如下：

① 进入手动（或手轮）方式，安装好铣刀。

② X 轴对刀：在MDI方式下起动主轴，操作手轮，使铣刀轻碰工件左侧面（通过观察切削痕迹判断），如图6-5所示，操作系统面板，将 X 轴相对坐标清零。

③ 沿+Z方向抬起主轴，移动到工件右侧面，X 轴对刀的方法，使刀具碰到工件右侧面，如图6-5所示，记下显示的 X 增量坐标值，假设为X109.6，刀具中心距离 X 原点位置=109.2/2=54.6，操作手轮将刀具移动到"X 54.6"坐标处。

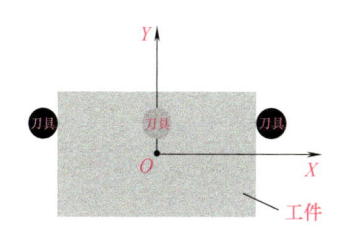

图6-5 X 轴对刀示意图

试切法对刀（X、Y方向）

(续)

操作项目	操作步骤	操作要点
空运行检查	将 EXT 坐标系中的 Z 设置为 100，Z 轴会正向抬高 100mm，在自动方式下用 MST 辅助功能将机床锁住，打开空运行，调出图形窗口，设置好图形参数，开始执行空运行检查	检查刀路轨迹与编程轮廓是否一致，如有问题，回到上一步骤，检查、修改程序，结束空运行后，注意回到机床初始坐标状态
单段试运行	自动加工开始前，先按下"单段方式"键，然后按下"循环启动"按钮	单段循环开始时进给倍率由低到高，运行中主要检查铣刀运行轨迹是否正确
自动连续加工	关闭"单段循环"功能，执行连续加工	注意监控程序的运行。如发现加工异常，按"进给保持"键。处理好后，恢复加工
卸下工件，整理机床	加工结束，卸下工件，使用修边器修整工件上的毛刺	修整毛刺时注意安全，避免划伤手指

④ 打开 G54 设定画面，在输入区输入"X0"，按下"测量"软键，坐标设定完成。

2）按图 6-6 所示顺序，参考②~④操作，完成 Y 轴坐标原点的设定。

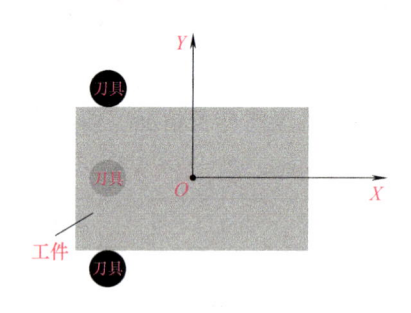

图 6-6　Y 轴对刀示意图

3）将主轴移动到工件之上，起动主轴，操作手轮使铣刀缓慢下移，当铣刀碰到工件表面时，停止移动，如图 6-7 所示。

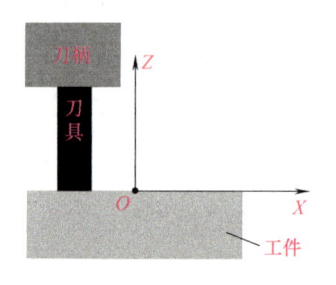

图 6-7　Z 轴对刀示意图

试切法对刀
（Z 方向）

4）打开 G54 画面，输入 Z0，按"测量"软键，完成 Z 轴坐标原点设定。

5）注意事项。

① 试切法操作简单，但是对刀精度不高，只适合于工件的粗加工。

② 对刀过程中主轴保持旋转状态，须小心操作，注意人身与机床安全。

任务测评

1. 知识测评

确定本任务的关键词，按重要程度进行关键词排序并举例解读。

根据自己对重要信息捕捉、排序、表达、创新和划分权重的能力进行自评，满分为100分，见表6-16。

表6-16 加工闷盖知识测评表

序号	关键词	举例解读	自评评分
1			
2			
3			
4			
5			
		总分	

2. 能力测评

对表6-17所列作业内容进行测评，操作规范即得分，操作错误或未操作得零分。

表6-17 加工闷盖能力测评表

序号	能力点	配分	得分
1	准备工作	30	
2	加工操作过程	70	
	总分	100	

3. 素养测评

对表6-18所列素养点进行测评，做到即得分，未做到得零分。

表6-18 加工闷盖素养测评表

序号	素养点	配分	得分
1	学习纪律	20	
2	工具使用、摆放	20	
3	态度严谨认真、一丝不苟	20	
4	互相帮助、团队合作	20	
5	学习环境"7S"管理	20	
	总分	100	

4. 拓展训练

1）请列举出在加工闷盖过程中易出现的问题，分析产生问题的原因并制定解决方案。

2）请按下列思维导图格式，对加工闷盖的学习收获进行总结。

任务四　检测闷盖

任 务 实 施

步骤一：检测准备工作

仔细校验所需量具，填写表6-19。

游标卡尺的使用方法

表 6-19　量具校验

检查内容	0~150mm 游标卡尺	0~25mm 千分尺	75~100mm 千分尺	0~200mm 游标深度卡尺
检查情况				

注：经检查后该项完好，在相应项目下打"√"；若出现问题应及时调整。

步骤二：检测闷盖

检测闷盖并填写表6-20。

表 6-20　闷盖加工质量评分表

序号	项目	内容	配分	评分标准	检测结果	得分
1	外轮廓	98mm（2处）	16	超差0.02mm以内扣分值一半，超差0.02mm以上不得分		
2		90mm（2处）	16			
3		20mm（2处）	8			
4		R10mm	10			
5		R12mm	8			
6		C10	4			
7	深度	18mm	10	超差不得分		
8		10mm	10			
9	表面粗糙度	Ra3.2μm	10	降级一处扣2分		
10	其他	去毛刺	8	超差1处扣1分		
	综合得分		100			

相 关 知 识

6-13　轮廓加工误差分析

问题现象	产生原因	预防和消除
轮廓尺寸超差	1）刀具数据不准确 2）切削用量选择不当，产生让刀 3）程序错误 4）工件尺寸计算错误	1）调整或重新设定刀具数据 2）合理选择切削用量 3）检查、修改加工程序 4）正确计算工件尺寸
轮廓侧面表面粗糙度值过大	1）切削速度过低 2）刀具中心高不正确 3）切屑控制较差 4）刀尖产生积屑瘤 5）切削液选用不合理	1）调高主轴转速 2）调整刀具中心高 3）选择合理的刀具角度 4）选择合适的切削速度范围 5）选择正确的切削液，并充分喷注
深度尺寸超差	1）程序错误 2）刀具对刀不准确 3）切削参数选择不当	1）检查修改加工程序 2）准确对刀 3）调整切削参数
工件形状精度超差明显	1）工作台间隙过大 2）进给切削参数过大 3）工件安装不牢固	1）调整工作台间隙 2）优化切削参数 3）检查工件安装，增加安装刚性

任务测评

1. 知识测评

确定本任务的关键词,按重要程度进行关键词排序并举例解读。

根据自己对重要信息捕捉、排序、表达、创新和划分权重的能力进行自评,满分为 100 分,见表 6-21。

表 6-21 检测闷盖知识测评表

序号	关键词	举例解读	自评评分
1			
2			
3			
4			
5			
		总分	

2. 能力测评

对表 6-22 所列作业内容进行测评,操作规范即得分,操作错误或未操作得零分。

表 6-22 检测闷盖能力测评表

序号	能力点	配分	得分
1	检测准备工作	30	
2	检测闷盖	70	
	总分	100	

3. 素养测评

对表 6-23 所列素养点进行测评,做到即得分,未做到得零分。

表 6-23 检测闷盖素养测评表

序号	素养点	配分	得分
1	设备及工、量具检查	25	
2	加工安全防护	25	
3	量具清洁校准	25	
4	工位摆放"5S"管理	25	
	总分	100	

4. 拓展训练

1)请列举出在检测闷盖过程中易出现的问题,分析产生问题的原因并制定解决方案。

2)请按下列思维导图格式,对检测闷盖的学习收获进行总结。

学习成果

一、成果描述

根据以上所学知识技能，分析图6-8所示端盖的数控铣加工工艺，并完成零件加工与检测。

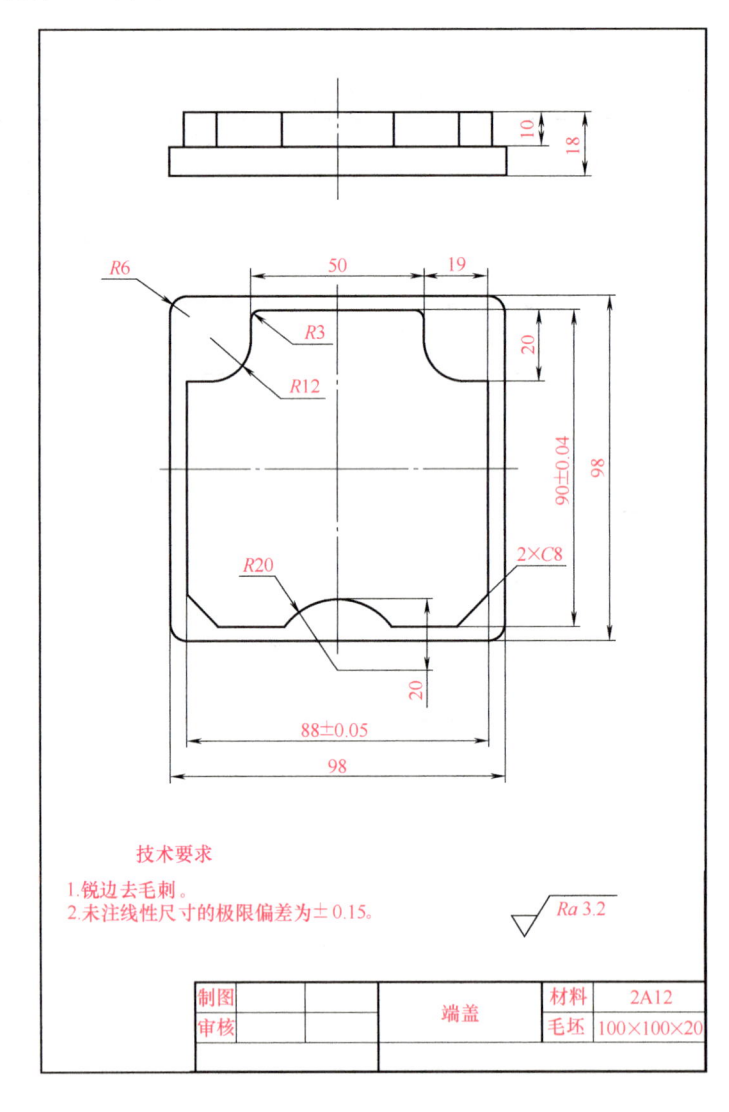

图6-8 端盖零件图

技术要求
1. 锐边去毛刺。
2. 未注线性尺寸的极限偏差为±0.15。

二、实施准备

1. 学生准备

学生在按照教学进度计划已经完成了以下学习任务并达到了75分以上后，可进行该学习成果的实施。

1) 理解并完成学习成果需要的相关知识和方法的学习，得分>75分。
2) 运用学习成果需要的相关知识和方法进行作业，得分>75分。
3) 按时、按质、按量完成相应作业，得分>80分。
4) 具有自觉遵守技术标准的要求和规定、规范操作、安全、环保、"7S"作业、团结协作的好习惯，得分>80分。
5) 能制订端盖加工工艺并进行加工。

2. 教师准备

1) 在安排学生实施学习成果前，通过课堂问题研讨、作业、实训和考核及其他方式，确认学生已经具备了实施学习成果所需的知识、技能和素养，并确保学生独立进行操作。
2) 对学生自评、小组互评、教师评价进行测评方法培训，明确评价的意义和重要性，确保测评结果的准确性和公平性。
3) 准备好测评记录。

3. 考核方法与标准

1) 评价监管：组长监控小组成员自评结果，教师监控小组互评结果，教师最终评价。
2) 详细记录学生在实施学习成果过程中的方法步骤、完成时间以及出现错误等情况，要求在180min内完成。
3) 考核内容及标准见表6-24。

表6-24 考核内容及标准

序号	项目	内容	配分	评分标准	检测结果	得分
1	外轮廓	98mm（2处）	10	超差0.02mm以内扣分值的一半，超差0.02mm以上不得分		
2		90±0.04mm	10			
3		88±0.05mm	10			
4		20mm、50mm	4			
5		R3mm、R6mm、R12mm	8			
6		R20mm、20mm	6			
7		2×C8	4			

(续)

序号	项目	内容	配分	评分标准	检测结果	得分
8	深度	18mm	8	超差不得分		
9		10mm	7			
10	表面粗糙度	$Ra3.2\mu m$	7	超差不得分		
11	其他	去毛刺	6	超差1处扣1分		
12	职业素养	穿戴规范	5	未穿工作服、三防安全鞋,未戴防护眼镜,1次扣2分		
13		工位清扫	5	不清理工位,1次扣1~2分		
14		物品整理	5	操作过程中未整理工量、刃具,1次扣1分		
15		安全文明生产	5	发生人身安全小事故,操作过程中发生机床部件碰撞,1次扣1~2分		
综合得分			100			

拓展阅读：中国第一台数控机床的诞生

1958年，北京第一机床厂与清华大学合作，试制出中国第一台数控机床——X53K1三坐标数控机床。这台数控机床的诞生，填补了中国在数控机床领域的空白。

当时，世界上只有少数几个工业发达国家试制成功数控机床。试制这样一台机床，美国用了4年时间，英国用了两年半。

这台机床的数控系统，在中国是第一次研制，没有可供参考的样机和较完整的技术资料。参加研制的全体工作人员，包括教授、工程技术人员、工人、学生等，平均年龄只有24岁。他们只凭着一页"仅供参考"的资料卡和一张示意图，攻下一道又一道难关，用了9个月的时间终于研制成功数控系统。

如今，我国数控机床技术的发展越来越快，各项核心技术陆续获得突破性发展。然而，我们永远不能忘记，在1958年的夏天，那群为了第一台数控机床的研发而废寝忘食的前辈们，他们的精神和态度，将永远支撑着我国数控机床行业的发展！

项目七 凸形底板的数控铣削加工

项目描述

依据数控铣工国家职业标准相关规定制订凸形底板（见图7-1）的加工工艺，编制加工程序，加工出合格的工件并进行检测。

项目要求

1）制订凸形底板的加工工艺。
2）编制凸形底板的加工程序。
3）按图样要求加工合格的凸形底板。
4）制定测量方案，完成凸形底板的加工质量检测。

学习目标

1）能按照数控铣工国家职业标准的要求，制订凸形底板的加工工艺。
2）能为凸形底板加工选择合适的夹具、刀具、量具。
3）会编写数控加工程序，操作数控铣床加工合格工件。
4）会严格遵守数控铣工的操作规程，并能自觉执行车间的"7S"规范，养成精益求精的职业素养。
5）养成热爱学习、热爱劳动、勇于创新的意识。

学习载体

技术要求
1. 锐边去毛刺。
2. 未注线性尺寸的极限偏差为±0.15。

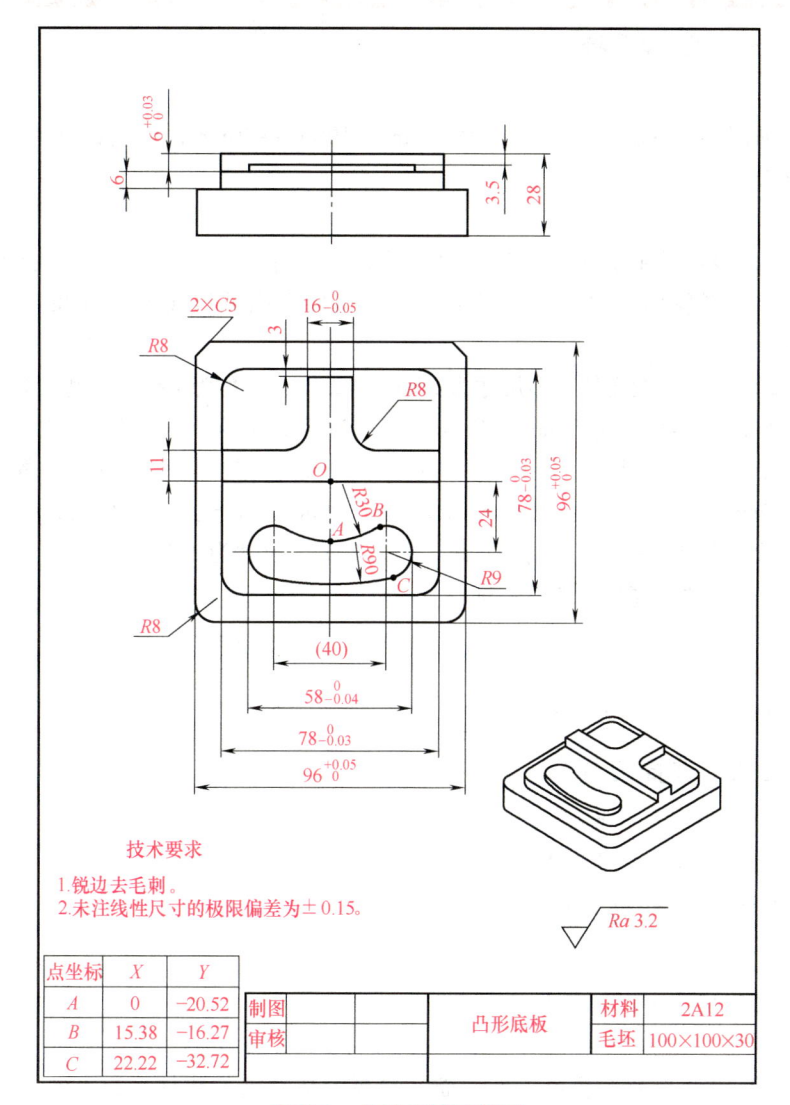

点坐标	X	Y
A	0	−20.52
B	15.38	−16.27
C	22.22	−32.72

材料	2A12
毛坯	100×100×30

图7-1 凸形底板零件图

任务一　制订凸形底板加工工艺

任务实施

步骤一：识读图样

1. 标题栏

如图 7-1 所示，毛坯尺寸为 100mm×100mm×30mm，毛坯材料为 2A12 铝合金。

2. 分析尺寸

1) 该零件主要加工面为平面和凸台，共有 3 层凸台结构，底层为矩形最大外形轮廓，中间层为矩形凸台，顶层有圆弧连接外轮廓和 T 形外轮廓。

2) 凸形底板底部外形尺寸为 96mm×96mm、圆角为 $R8$mm，倒角为 $C5$；中间凸台外形尺寸为 78mm×78mm，圆角为 $R8$mm，凸台高度尺寸为 6mm；倒 T 形外轮廓定形尺寸为 16mm、11mm、$R8$mm，定位尺寸为 3mm，高度尺寸为 6mm；腰形圆弧由 $R30$mm、$R90$mm、$R9$mm 圆弧光滑连接组成，基点坐标尺寸可以查看图 7-1 中的坐标表，凸台的高度尺寸为 3.5mm。

3) 工件总高尺寸为 28mm。

3. 技术要求

1) 锐边去毛刺。

2) 未注线性尺寸的极限偏差为 ±0.15mm。

步骤二：选择刀具

1) 面铣刀（$\phi 60$mm）1 把。

2) $\phi 10$mm 立铣刀 1 把。

步骤三：确定装夹方案

1. 夹具选择

选用机用平口钳装夹工件。

2. 装夹顺序

1) 第一次装夹选择工件顶面，选择合适厚度的垫铁，让工件表面伸出钳口 15~20mm，此处取 18mm，加工工件的底平面和轮廓。

相关知识

7-1　尺寸基准相关知识

知识点	主要内容	应用案例
尺寸基准	标注尺寸的起点，称为尺寸基准（简称基准）。一般选择零件上的面（如端面、底面、对称面等）、线（如轴线）、点作为尺寸基准。零件上的尺寸基准有两种，即设计基准和工艺基准	长度方向尺寸基准为 Y 轴线，宽度方向尺寸基准为 X 轴线，高度方向基准为工件顶面
设计基准	从设计角度考虑，为满足零件在机器或部件中对结构、性能的特定要求而选定的一些基准，称为设计基准。设计基准可确定机器或部件上零件的位置	
工艺基准	从加工工艺的角度考虑，为便于零件的加工、测量和装配而选定的一些基准，称为工艺基准	
基准统一	为了减少尺寸误差，保证产品质量，在标注尺寸时，最好能把设计基准和工艺基准统一起来。不能统一时，主要尺寸应从设计基准出发标注	

2) 第二次装夹选择已经加工好的工件底面外形对边，选择合适厚度的垫铁，让工件表面伸出钳口 12~17mm，此处取 15mm。

步骤四：制订加工工艺

1. 确定工件坐标系原点

工件在 XY 平面上为一正方形，选择正方形的中心位置为 X 轴和 Y 轴的原点位置，选择工件的上表面为 Z 轴原点位置。

2. 拟订加工工艺路线

1) 工序 1 加工路线

正面装夹，夹持毛坯面，以手动方式铣平面（φ60mm 面铣刀）→粗铣底面外形 96mm×96mm（φ10mm 立铣刀），深 16mm→精铣底面 96mm×96mm。

2) 工序 2 加工路线

反面装夹，夹持工件 96mm 对边→以手动方式粗、精铣平面（φ60mm 面铣刀），保证总厚尺寸 28mm→粗、精铣正面外形轮廓 78mm×78mm→粗、精铣倒 T 形外轮廓→粗、精铣腰形外轮廓。

3) 手动操作切除残余部分余量。

3. 确定凸形底板的切削用量（见表 7-1）

表 7-1 凸形底板的切削用量

刀具类型	粗铣				精铣			
	主轴转速 $n/(r/min)$	背吃刀量 a_p/mm	侧吃刀量 a_e/mm	进给速度 $F/(mm/min)$	主轴转速 $n/(r/min)$	背吃刀量 a_p/mm	侧吃刀量 a_e/mm	进给速度 $F/(mm/min)$
面铣刀	1200	0.5	48	400	1200	0.2	48	400
立铣刀	1200	4	4	400	1800	0.1	0.1	300

7-2 轮廓尺寸的种类

尺寸类型	作用	应用案例
定形尺寸	决定轮廓各部位形状大小的尺寸	图 7-1 中，倒 T 形轮廓的定形尺寸为 16mm、11mm、R8mm
定位尺寸	用于确定轮廓在图形中所处的位置	图 7-1 中 Y 方向的定位尺寸为 3mm，X 方向为中心位置
总体尺寸	在长、宽、高方向，决定零件最大外形的尺寸，一般有总长、总宽、总高。总体尺寸是选择毛坯尺寸规格的重要参照	图 7-1 中，总长尺寸为 96mm，总宽尺寸为 96mm，总高尺寸为 28mm

7-3 工序的划分

在数控机床上加工零件，工序应尽量集中，一次装夹应尽可能完成大部分工序。数控加工工序的划分有下列方法。

1. 按先面后孔的原则划分工序

在加工有面和孔的零件时，为提高孔的加工精度，应按先加工面，后加工孔这一原则划分工序。这样一方面可以用加工过的平面作为基准，另一方面可以提高孔的加工精度。

2. 按所用刀具划分工序

在数控机床上，为了减少换刀次数，缩短辅助时间，经常按集中工序的原则加工零件，即用同一把刀加工完相应的零件的全部加工余量后，再用另一把刀加工其他部位的余量。

3. 按粗、精加工划分工序

对于精度要求较高且易发生加工变形的零件，应将粗、精加工分开，这样可以使粗加工引起的各种变形得到恢复，同时充分发挥粗加工的效率。

应用案例：本项目中凸形底板的加工采取了工序集中原则，两次装夹完成全部加工，在加工次序上遵循先平面后轮廓的规则划分了平面加工工序和轮廓加工工序，对外形尺寸有要求的轮廓采取了粗、精加工分开的方法。

步骤五：填写工序卡

根据步骤四制订的加工工艺，填写表 7-2 加工工序卡。

表 7-2　凸形底板加工工序卡

零件名称		零件图号		系统		加工材料	
程序名称				使用夹具			

工序装夹图

工步	工步内容	刀具	切削用量			
			主轴转速 $n/(\text{r/min})$	进给量 $f/(\text{mm/r})$	侧吃刀量 a_e/mm	背吃刀量 a_p/mm
1						
2						
3						
4						

7-4　零件安装与夹具选择

1）尽量选择通用夹具、组合夹具，能在零件一次装夹中完成全部加工面的加工，并尽可能使零件的定位基准与设计基准重合，以减少定位误差。一般在模具加工中采用机用平口钳或压板装夹。

2）装夹应迅速方便，定位准确，以减少辅助时间。

3）安装零件时，应注意夹紧力的作用点和方向，尽量使切削力的方向与夹紧力的方向一致。

4）夹具应具有足够的强度和刚度，使切削过程平稳，保证零件的加工精度。

7-5　确定加工余量的方法

（1）查表法　这种方法是根据各工厂的生产实践和实验研究积累的数据，先制成各种表格，再汇集成手册。确定加工余量时，查阅这些手册，再结合工厂的实际情况进行适当修正。目前我国各工厂普遍采用查表法。

（2）经验估算法　这种方法是根据工艺编制人员的实际经验确定加工余量。一般情况下，为了防止因余量过小而产生废品，经验估算法的数值总是偏大。经验估算法常用于单件小批量生产。

（3）分析计算法　这种方法是根据一定的试验资料数据和加工余量计算公式，分析影响加工余量的各项因素，经计算确定加工余量。

任务测评

1. 知识测评

确定本任务的关键词，按重要程度进行关键词排序并举例解读。

根据自己对重要信息捕捉、排序、表达、创新和划分权重的能力进行自评，满分为100分，见表7-3。

表7-3 制订凸形底板加工工艺知识测评表

序号	关键词	举例解读	自评评分
1			
2			
3			
总分			

2. 能力测评

对表7-4所列作业内容进行测评，操作规范即得分，操作错误或未操作得零分。

表7-4 制订凸形底板加工工艺能力测评表

序号	能力点	配分	得分
1	识读图样	15	
2	选择刀具	10	
3	确定装夹方案	15	
4	制订加工工艺	30	
5	填写工序卡	30	
总分		100	

3. 素养测评

对表7-5所列素养点进行测评，做到即得分，未做到得零分。

表7-5 制订凸形底板加工工艺素养测评表

序号	素养点	配分	得分
1	学习纪律	20	
2	工具使用、摆放	20	
3	态度严谨认真、一丝不苟	20	
4	互相帮助、团队合作	20	
5	学习环境"7S"管理	20	
总分		100	

4. 拓展训练

1）请列举出在制订凸形底板加工工艺过程中易出现的问题，分析产生问题的原因并制定解决方案。

2）请按下列思维导图格式，对制订凸形底板加工工艺的学习收获进行总结。

任务二 编制凸形底板加工程序

任务实施

一、编制底面轮廓的加工程序

步骤一：确定底面轮廓加工的走刀路线

1）确定底面轮廓加工的各基点。

在表 7-6 中标出底面轮廓上的各几何基点，将坐标填入表 7-6。

表 7-6 底面轮廓基点坐标

基点	X 坐标	Y 坐标
1		
2		
3		
4		
5		

加工深度 Z=（　　）；起刀点（　　）；下刀点（　　）；切入起点（　　）；切出终点（　　）

2）选定外轮廓加工的下刀点 P、切入点 T、切出点 Q，并标记。

3）绘制底面轮廓的加工的走刀路线图。

步骤二：编写底面轮廓的加工程序

编写底面轮廓的加工程序，并填入表 7-7。

表 7-7 底面轮廓加工程序

程序段号	程序内容	说明
N10		
N20		
N30		
N40		

相关知识

7-6 绝对方式编程指令 G90 和增量方式编程指令 G91

（1）指令格式

绝对坐标输入方式：G90；

增量坐标输入方式：G91；

（2）指令功能　设定坐标输入方式。

（3）指令说明

1）G90 指令用于建立绝对坐标输入方式，移动指令目标点的坐标值 X、Y、Z 表示刀具离开工件坐标系原点的距离。

2）G91 指令用于建立增量坐标输入方式，移动指令目标点的坐标值 X、Y、Z 表示刀具离开当前点的坐标增量。

（4）例：如图 7-2 所示，刀具从 A 点快速移动至 C 点，试使用绝对方式与增量方式编程。

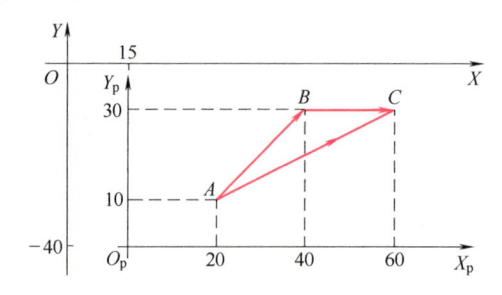

图 7-2 图例

增量方式编程：
G92 X0 Y0 Z0；
G91 G00 X15 Y-40；
G92 X0 Y0；
G00 X20 Y10；
X40 Y20；

（续）

程序段号	程序内容	说明
N50		
N60		
N70		
N80		
N90		
N100		

二、编制顶面轮廓的加工程序

步骤一：确定顶面轮廓加工的走刀路线

1）确定顶面轮廓加工的基点坐标。

在表 7-8 中标出轮廓 1、2、3 上的各几何基点。

表 7-8 轮廓编程基点

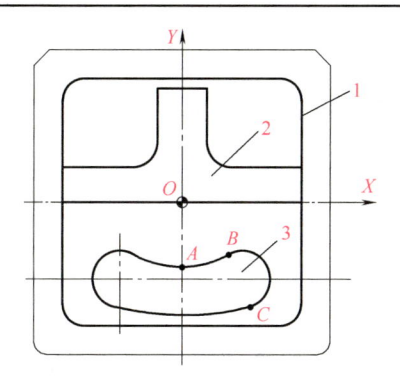

轮廓名称	各基点 X、Y 坐标，基点按数字编号，如 2($X40$,$Y-20$)	其他点坐标
外形轮廓 1		加工深度 $Z=$ 起刀点（　　） 下刀点（　　）
外形轮廓 2		切入起点（　　） 切出终点（　　）
外形轮廓 3		

绝对方式编程：

G92 X0 Y0 Z0;　　设工件坐标系原点，换刀点 O 与机床坐标系原点重合

G90 G00 X15 Y-40;　　刀具快速移动至 O_p 点

G92 X0 Y0;　　重新设定工件坐标系，换刀点 O_p 与工件坐标系原点重合

G00 X20 Y10;　　刀具快速移动至 A 点定位

X60 Y30;　　刀具从始点 A 快移至终点 C

在选用编程方式时，应根据具体情况加以选用，同样的路径选用不同的编程方式，编制的程序有很大区别。一般绝对坐标适合在所有目标点相对程序原点的位置都十分正确的情况下使用，反之则采用相对坐标编程。

需要注意的是：在编制程序时，在程序数控指令开始的时候，必须指明编程方式，默认为 G90。

7-7　编程指令 G02、G03 和 G01

1. 圆弧插补指令 G02、G03

（1）指令含义　刀具在各坐标平面内以一定的进给速度进行圆弧插补运动，从当前位置（圆弧的起点），沿圆弧移动到指令给出的目标位置，切削出圆弧轮廓。G02 为顺时针圆弧插补指令，G03 为逆时针圆弧插补指令。刀具在进行圆弧插补时必须规定所在平面（即 G17～G19），再确定回转方向。如图 7-3 所示，沿圆弧所在平面（如 XY 平面）的另一坐标轴的负方向（$-Z$）看去，顺时针方向为 G02 指令，逆时针方向为 G03 指令。

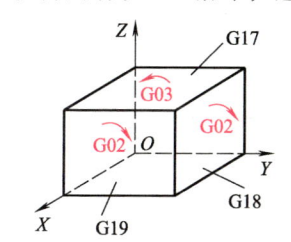

图 7-3　圆弧插补顺、逆时针方向

G02 和 G03 为模态指令，有继承性，继承方法与 G01 指令相同。

注意：G02 和 G03 与坐标平面的选择有关。

2）选定外轮廓加工的下刀点 P、切入点 T、切出点 Q，并标记。

3）绘制轮廓 1、2、3 的加工走刀路线图。

步骤二：编制顶面矩形凸台的加工程序

编写顶面矩形凸台的加工程序，并填入表 7-9。

表 7-9　顶面矩形凸台加工参考程序

程序段号	程序内容	说明
N10		
N20		
N30		
N40		
N50		
N60		
N70		
N80		
N90		
N100		
N110		

步骤三：编制顶面倒 T 形凸台的加工程序

编写顶面倒 T 形凸台的加工程序，并填入表 7-10。

表 7-10　顶面倒 T 形凸台加工参考程序

程序段号	程序内容	说明
N10		
N20		
N30		
N40		
N50		
N60		
N70		
N80		
N90		
N100		

指令格式：

$$G17 \begin{Bmatrix} G02 \\ G03 \end{Bmatrix} X\_\_ Y\_\_ \begin{Bmatrix} R\_\_ \\ I\_\_ J\_\_ \end{Bmatrix} F\_\_;$$

参数说明：

X、Y：圆弧终点坐标，可以用绝对方式编程，也可以用增量方式编程；

R：圆弧半径；

I、J：分别为圆弧的起点到圆心的 X、Y 轴方向的增矢量，如图 7-4 所示。

（2）G02 或 G03 指令两种格式的区别

1）当圆弧角小于等于 180°时，圆弧半径 R 为正值，反之，R 为负值。

2）以圆弧始点到圆心坐标的增矢量（I、J、K）来表示，适合任何的圆弧角使用，得到的圆弧是唯一的。

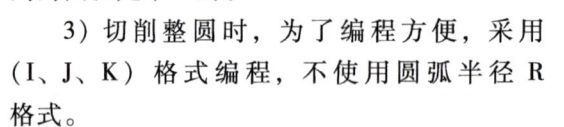

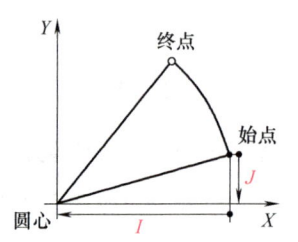

3）切削整圆时，为了编程方便，采用（I、J、K）格式编程，不使用圆弧半径 R 格式。

图 7-4　圆弧起点到圆心的 X、Y 轴方向的增矢量

（3）指令应用示例

1）示例 1：如图 7-5 所示，A 点为始点，B 点为终点，数控程序如下：

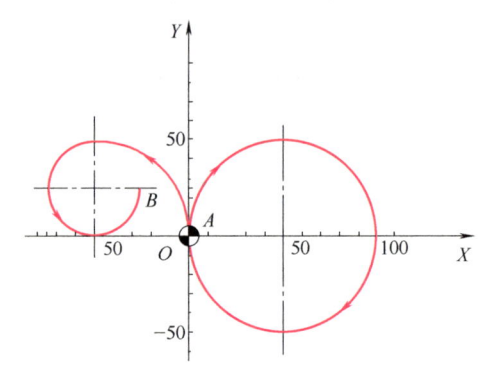

图 7-5　指令应用示例 1

G90 G54 G02 I50.0 J0. F100;

G03 X-50.0 Y40.0 I-50.0 J0;

X-25.0 Y25.0 I0. J-25.0;

步骤四：编制顶面腰形凸台的加工程序

编写顶面腰形凸台的加工程序，并填入表 7-11。

表 7-11　顶面腰形凸台加工参考程序

程序段号	程序内容	说明
N10		
N20		
N30		
N40		
N50		
N60		
N70		
N80		
N90		
N100		
N110		
N120		

M30；

或

G90 G54 G02 I50.0 J0 F100；

G03 X-50.0 Y40.0 R50.0；

X-25.0 Y25.0 R-50.0；

M30；

2）示例 2：图 7-6 所示为半径等于 50mm 的球面，其球心位于坐标原点 O，刀心轨迹为 $A{\rightarrow}B{\rightarrow}C{\rightarrow}A$，程序为：

G90 G54 G17 G03 X0. Y50.0 I-50.0 J0. F100；

G19 G91 G03 Y-50.0 Z50.0 J-50.0 K0.；

G18 G03 X50.0 Z-50.0 I0. K-50.0；

M30；

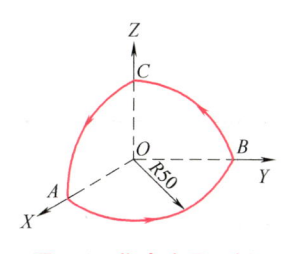

图 7-6　指令应用示例 2

2. 倒角指令 G01

（1）指令格式　G01 X__ Y__ F__

（2）参数说明　X、Y：绝对编程时目标点在工件坐标系中的坐标；

F：进给速度

（3）指令功能　直线插补指令。

（4）注意事项

1）G01 指令使刀具以一定的进给速度，从所在点出发，直线移动到目标点。通常完成一个切削加工过程。

2）G01 程序段中必须含有 F 指令值或已经在之前的 01 组代码中指定 F 值。

3）G01 为模态指令，F 指令字也具备模态功能。

任务测评

1. 知识测评

确定本任务的关键词，按重要程度进行关键词排序并举例解读。

根据自己对重要信息捕捉、排序、表达、创新和划分权重的能力进行自评，满分为100分，见表7-12。

表7-12　编制凸形底板加工程序知识测评表

序号	关键词	举例解读	自评评分
1			
2			
3			
4			
	总分		

2. 能力测评

对表7-13所列作业内容进行测评，操作规范即得分，操作错误或未操作得零分。

表7-13　编制凸形底板加工程序能力测评表

序号	能力点	配分	得分
1	编制底面轮廓的加工程序	50	
2	编制顶面轮廓的加工程序	50	
	总分	100	

3. 素养测评

对表7-14所列素养点进行测评，做到即得分，未做到得零分。

表7-14　编制凸形底板加工程序素养测评表

序号	素养点	配分	得分
1	学习纪律	20	
2	工具使用、摆放	20	
3	态度严谨认真、一丝不苟	20	
4	互相帮助、团队合作	20	
5	学习环境"7S"管理	20	
	总分	100	

4. 拓展训练

1）请列举出在编制凸形底板加工程序过程中易出现的问题，分析产生问题的原因并制定解决方案。

2）请按下列思维导图格式，对编制凸形底板加工程序的学习收获进行总结。

任务三　加工凸形底板

任务实施

步骤一：准备工作

仔细检查工、量具以及机床的准备情况，填写表 7-15 和表 7-16。

表 7-15　工、量具的准备

检查内容	工具	刀具	量具	毛坯
检查情况				

注：经检查后该项完好，在相应项目下打"√"；若出现问题应及时调整。

表 7-16　机床的准备

检查部分	机械部分			数控系统部分			辅助部分		
	主轴	工作台	防护门	操作面板	系统面板	驱动系统	冷却润滑装置	气动装置	夹具
检查情况									

步骤二：加工操作过程

按照表 7-17 所列的操作步骤，操作数控铣床，完成凸形底板的加工。

表 7-17　凸形底板加工操作过程

加工零件	凸形底板	设备编号	X01
		设备名称	数控铣床
		操作员	

操作项目	操作步骤	操作要点
开始	1）装夹工件 2）装夹铣刀	工件表面伸出长度应合适并夹牢，安装刀具要注意伸出长度
离心法对刀	用离心式寻边器对刀	对刀完毕后检查是否准确
输入程序	在编辑方式下，完成程序的输入	注意程序代码、指令格式，输好后对照原程序检查一遍

相关知识

7-8　杠杆百分表的操作方法

序号	操作方法	示意图
1	将杠杆百分表固定在表座或表架上，保证稳定可靠	
2	再将杠杆百分表固定在主轴端面上	
3	使用过程中，测头要与工件保持一定的角度，压百分表时不要超过行程，对圆柱形工件，测杆轴线要与被测素线的切平面平行，否则会产生很大的误差	

7-9　使用离心式寻边器找正 X、Y 坐标原点

当零件的几何形状为矩形或回转体时，可采用离心式寻边器来进行程序原点的找正，找正方法如图 7-7 所示。

1）在 MDI 模式下输入以下程序：

S600 M03；

2）运行该程序，使寻边器旋转起来，转速为 600r/min（寻边器转速一般为 600~660r/min）。

3）进入手动模式，把屏幕切换到机械坐标显示状态。

4）找正 X 轴坐标。找正方法如图 7-7 所示，但应注意以下几点：

(续)

操作项目	操作步骤	操作要点
空运行检查	将 EXT 坐标系中的 Z 设置为 100，Z 轴会正向抬高 100mm，在自动方式下用 MST 辅助功能将机床锁住，打开空运行，调出图形窗口，设置好图形参数，开始执行空运行检查	检查刀路轨迹与编程轮廓是否一致，如有问题，回到上一步骤，检查、修改程序，结束空运行后，注意回到机床初始坐标状态
单段试运行	自动加工开始前，先按下"单段方式"键，然后按下"循环启动"按钮	单段循环开始时进给倍率由低到高，运行中主要检查铣刀运行轨迹是否正确
自动连续加工	关闭"单段循环"功能，执行连续加工	注意监控程序的运行。如发现加工异常，按进给保持键。处理好后，恢复加工
卸下工件，整理机床	加工结束，卸下工件，使用修边器修整工件上的毛刺	修整毛刺时注意安全，避免划伤手指

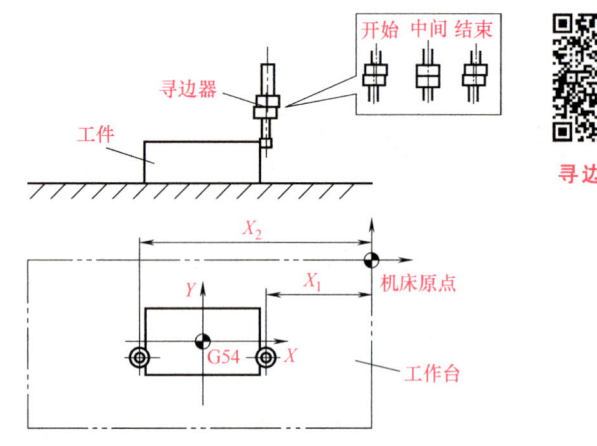

图 7-7 用离心式寻边器找正原点

① 主轴转速在 600~660r/min。

② 寻边器接触工件时机床的手动进给倍率应由快到慢。

③ 此寻边器不能找正 Z 坐标原点。

5）记录 X_1 和 X_2 的机械位置坐标，并求出 $X=(X_1+X_2)/2$，将其输入相应的工作偏置坐标系。

6）找正 Y 轴坐标。方法与找正 X 轴坐标相同。

任务测评

1. 知识测评

确定本任务的关键词，按重要程度进行关键词排序并举例解读。

根据自己对重要信息捕捉、排序、表达、创新和划分权重的能力进行自评，满分为100分，见表7-18。

表7-18　加工凸形底板知识测评表

序号	关键词	举例解读	自评评分
1			
2			
3			
4			
5			
		总分	

2. 能力测评

对表7-19所列作业内容进行测评，操作规范即得分，操作错误或未操作得零分。

表7-19　加工凸形底板能力测评表

序号	能力点	配分	得分
1	准备工作	30	
2	加工操作过程	70	
	总分	100	

3. 素养测评

对表7-20所列素养点进行测评，做到即得分，未做到得零分。

表7-20　加工凸形底板素养测评表

序号	素养点	配分	得分
1	学习纪律	20	
2	工具使用、摆放	20	
3	态度严谨认真、一丝不苟	20	
4	互相帮助、团队合作	20	
5	学习环境"7S"管理	20	
	总分	100	

4. 拓展训练

1）请列举出在加工凸形底板过程中易出现的问题，分析产生问题的原因并制定解决方案。

2）请按下列思维导图格式，对加工凸形底板的学习收获进行总结。

任务四　检测凸形底板

任务实施

步骤一：检测准备工作

仔细校验所需量具，填写表 7-21。

表 7-21　量具校验

检查内容	游标卡尺	0～25mm 千分尺	75～100mm 千分尺	0～200mm 游标深度卡尺
检查情况				

注：经检查后该项完好，在相应项目下打"√"；若出现问题应及时调整。

步骤二：检测凸形底板

检测凸形底板尺寸，填写表 7-22。

表 7-22　凸形底板加工质量评分表

序号	项目	内容	配分	评分标准	检测结果	得分
1	底面外形	$96_{0}^{+0.05}$ mm（2处）	6×2	超差 0.02mm 以内扣分值一半，超差 0.02mm 以上不得分，自由公差超差不得分		
2	矩形轮廓	$78_{-0.03}^{0}$ mm（2处）	6×2			
3	顶面T形轮廓	$16_{-0.05}^{0}$ mm	6			
4		11mm	5			
5		3mm	5			
6		$R8$mm	6			
7	顶面腰形轮廓	$58_{-0.04}^{0}$ mm	7			
8		圆弧 $R90$mm、$R30$mm、$R9$mm	8			
9	深度	$6_{0}^{+0.03}$ mm	5			
10		6mm、3.5mm	6			
11		总高 28mm	6			
12	圆角、倒角	$R8$mm	8	超差不得分		
13		2×C5	2			

相关知识

7-10　数控铣床安全文明操作规程

1）必须按要求穿工作服，否则不许进入车间。

2）禁止戴手套操作机床，长发要戴帽子或发网。

3）所有实训步骤须在实训教师指导下进行，未经指导教师同意，不许开动机床。

4）机床开动期间严禁离开工作岗位去做与操作无关的事情。

5）严禁在车间内嬉戏、打闹。机床开动时，严禁在机床间穿梭。

6）未经指导教师确认程序正确前，不许动操作箱上已设置好的"机床锁住"状态键。

7）保证工件牢牢固定在工作台上。

8）起动机床前应检查是否已将扳手等工具从机床上拿开。

违规操作事故模拟

数控铣床的日常保养与维护

7-11　数控机床维护保养

序号	检查周期	检查部位	检查要求
1	每天	导轨润滑	检查润滑油的油面、油量并及时加油，检查机油泵能否定时起动、泵油及停止，导轨各润滑点在泵油时是否有润滑油流出
2	每天	X、Y、Z 及回旋轴导轨	清除导轨面上的切屑、脏物、油液，检查导轨润滑是否充分，导轨面上有无划伤及锈斑，导轨防尘刮板上有无夹带铁屑，如果是安装滚动滑块的导轨，当导轨上出现划伤时应检查滚动滑块

(续)

序号	项目	内容	配分	评分标准	检测结果	得分
14	其他	Ra3.2μm	8	降级1处扣2分		
15		去毛刺	4	超差1处扣1分		
	综合得分		100			

(续)

序号	检查周期	检查部位	检查要求
3	每天	压缩空气气源	检查气源供气压力是否正常,含水量是否过大
4	每天	机床进气口的分水器	清理分水器中滤出的水分,加入足够润滑油,检查其是否能自动切换工作,干燥剂是否饱和
5	每天	气液转换器和增压器	检查存油面高度并及时补油
6	每天	机床液压系统	液压油箱、液压泵应无异常噪声,压力表指示正常压力,液压油箱工作液面在允许的范围内,回油路上背压不得过高,各管接头无泄漏和明显振动
7	每天	数控系统及输入/输出装置	如光电阅读机是否清洁,机械结构润滑是否良好,外接快速穿孔机或程序服务器连接是否正常
8	每天	各种电气装置及散热通风装置	数控柜、机床电气柜排气扇工作是否正常,伺服电动机、冷却风道是否正常,恒温油箱、液压油箱的冷却散热片通风是否正常
9	每天	各种防护装置	导轨、防护罩应动作灵敏而无漏水,刀库防护栏杆、液压油箱的冷却散热片通风应正常
10	每周	各电气柜进气过滤网	清洗各电气柜进气过滤网
11	半年	滚珠丝杠螺母副	清洗丝杠上旧的润滑油脂,涂上新的油脂,清洗螺母两端的防尘网
12	半年	液压油路	清洗溢流阀、减压阀、滤油器、油箱底,更换或过滤液压油,注意加入油箱的新油必须经过过滤和去水分

任务测评

1. 知识测评

确定本任务关键词，按重要程度进行关键词排序并举例解读。

根据自己对重要信息捕捉、排序、表达、创新和划分权重的能力进行自评，满分为100分，见表7-23。

表7-23 检测凸形底板知识测评表

序号	关键词	举例解读	自评评分
1			
2			
3			
4			
5			
总分			

2. 能力测评

对表7-24所列作业内容进行测评，操作规范即得分，操作错误或未操作得零分。

表7-24 检测凸形底板能力测评表

序号	能力点	配分	得分
1	检测准备工作	30	
2	检测凸形底板	70	
总分		100	

3. 素养测评

对表7-25所列素养点进行测评，做到即得分，未做到得零分。

表7-25 检测凸形底板素养测评表

序号	素养点	配分	得分
1	设备及工、量具检查	25	
2	加工安全防护	25	
3	量具清洁校准	25	
4	工位摆放"5S"管理	25	
总分		100	

4. 拓展训练

1）请列举出在检测凸形底板过程中易出现的问题，分析产生问题的原因并制定解决方案。

2）请按下列思维导图格式，对检测凸形底板的学习收获进行总结。

学习成果

一、成果描述

根据以上所学知识技能,分析图7-8所示综合凸台的数控铣加工工艺,并完成零件加工与检测。

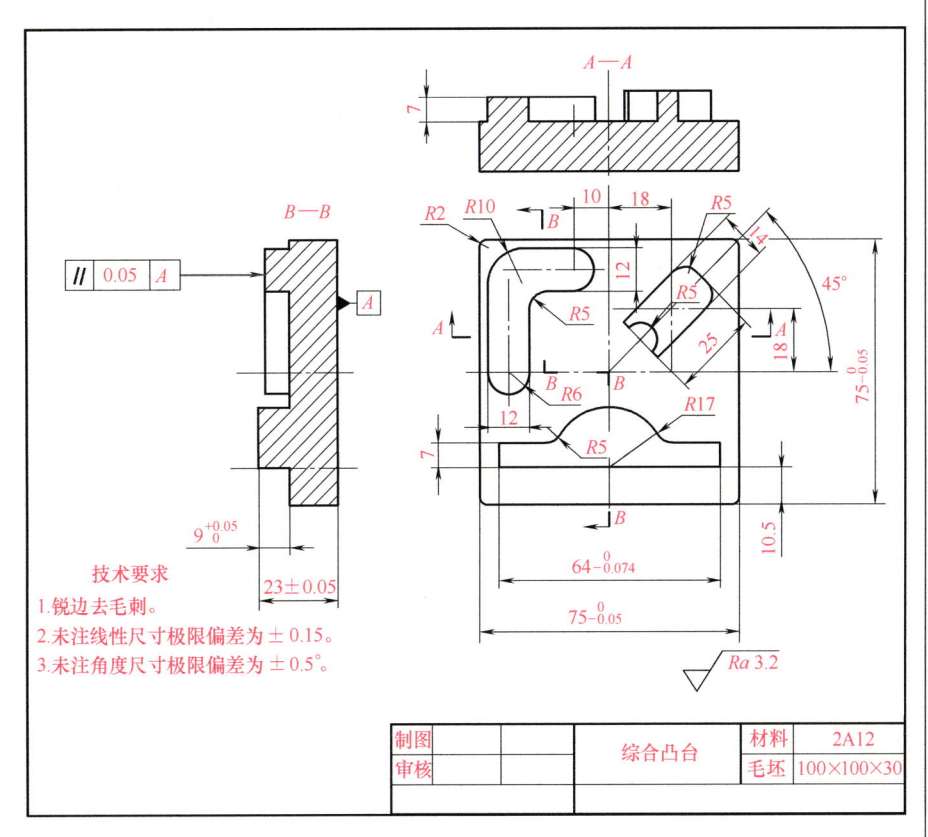

技术要求
1. 锐边去毛刺。
2. 未注线性尺寸极限偏差为±0.15。
3. 未注角度尺寸极限偏差为±0.5°。

综合凸台　材料 2A12　毛坯 100×100×30

图7-8 综合凸台

二、实施准备

(一) 学生准备

学生在按照教学进度计划已经完成了以下学习任务并达到了75分以上后,可进行该学习成果的实施。

1) 理解并完成学习成果需要的相关知识和方法的学习,得分>75分。
2) 运用学习成果需要的相关知识和方法进行作业,得分>75分。
3) 按时、按质、按量完成相应作业,得分>80分。
4) 具有自觉遵守技术标准的要求和规定、规范操作、安全、环保、"7S"作业、团结协作的好习惯,得分>80分。
5) 能制订综合凸台加工工艺并进行加工。

(二) 教师准备

1) 在安排学生实施学习成果前,通过课堂问题研讨、作业、实训和考核及其他方式,确认学生已经具备了实施学习成果所需的知识、技能和素养,并确保学生独立进行操作。
2) 对学生自评、小组互评、教师评价进行测评方法培训,明确评价的意义和重要性,确保测评结果的准确性和公平性。
3) 准备好测评记录。

三、考核方法与标准

1) 评价监管:组长监控小组成员自评结果,教师监控小组互评结果,教师最终评价。
2) 详细记录学生在实施学习成果过程中的方法步骤、完成时间以及出现错误等情况,要求在150min内完成。
3) 考核内容及标准见表7-26。

表7-26 考核内容及标准

序号	项目	内容	配分	评分标准	检测结果	得分
1	方台	$75_{-0.05}^{0}$mm(2处)	16	每超差 0.01mm扣2分		
2	L形槽	12mm(2处)	16			
3	桥形台	$64_{-0.074}^{0}$mm	7			
4		7mm、10.5mm	8			
5	方形台	25mm	7			
6		14mm	7			
7		45°	2			
8	圆弧	$R5$mm、$R17$mm、$R10$mm、$R2$mm	12	超差1处扣3分		
9	深度	$9_{0}^{+0.05}$mm	7	超差不得分		
10		7mm	5			
11	厚度	23±0.05mm	6			
12	表面粗糙度	$Ra3.2\mu$m	7	降级1处扣2分		
综合得分			100			

拓展阅读：技校生的大国工匠之路

今天要介绍的这个"大国工匠"叫洪家光，他是中国航发沈阳黎明航空发动机（集团）有限责任公司工装制造厂夹具工部一工段的一个车工，从事的工作是操作车床加工零件。这看似乏味且普通的工作，其影响力却不容小觑！洪家光以独家绝活打破技术封锁，获得了大奖，受到了国家的重用，通过技术革新为企业增效上亿元。这么一个被誉为"大国工匠"的辽宁小伙，并不是什么名校毕业，他仅有中专学历。1999年，洪家光技校毕业，被分配到了沈阳黎明航空发动机有限责任公司。洪家光以为能看到自己做梦都想看到的飞机，谁知道他的工作却是每天重复地车零件，这让洪家光有点失望了。但是洪家光并没有因此而失落。干一行，爱一行，精一行，任何事情，只要做到极致，都能让人刮目相看。在车零件的岗位上，洪家光不断拜师，不断钻研。车间有个老技工，叫孟宪新，是全国劳模，技术过硬，洪家光经常去请教他。碰到这样能吃苦又肯学习的好后生，孟宪新自然也是尽心尽力地指导。洪家光先后攻克了国家新一代重点型号发动机叶片磨削工具金刚石滚轮的加工难题，还攻克了金刚石滚轮大型面无法加工的难题，洪家光也因此获得了国家专利，成为行业中的"状元"。虽然没有高学历，但是凭着自己的刻苦努力，洪家光获得了认可，受到了重用。英雄不问出处，技校毕业同样能成为国家栋梁，同样可以创造奇迹。

项目八　固定底座的数控铣削加工

项目描述

依据数控铣工国家职业标准相关规定标准制订固定底座（见图 8-1）的加工工艺，编制加工程序，加工出合格的工件并进行检测。

项目要求

1) 制订固定底座的加工工艺。
2) 编制固定底座的加工程序。
3) 按图样要求加工固定底座。
4) 制定测量方案，完成固定底座加工质量的检测。

学习目标

1) 能按照数控铣工国家职业标准的要求，正确制订固定底座的加工工艺。
2) 能为固定底座加工操作选择合适的夹具、刀具、量具。
3) 能为加工固定底座编写正确的数控加工程序。
4) 能正确操作数控铣床加工出合格的固定底座。
5) 能严格遵守数控铣工的操作规程，并能自觉执行车间的"7S"规范，养成精益求精的职业素养。
6) 养成热爱学习、热爱劳动、勇于创新的精神。

学习载体

技术要求
1. 锐边去毛刺。
2. 未注线性尺寸的极限偏差为±0.15。

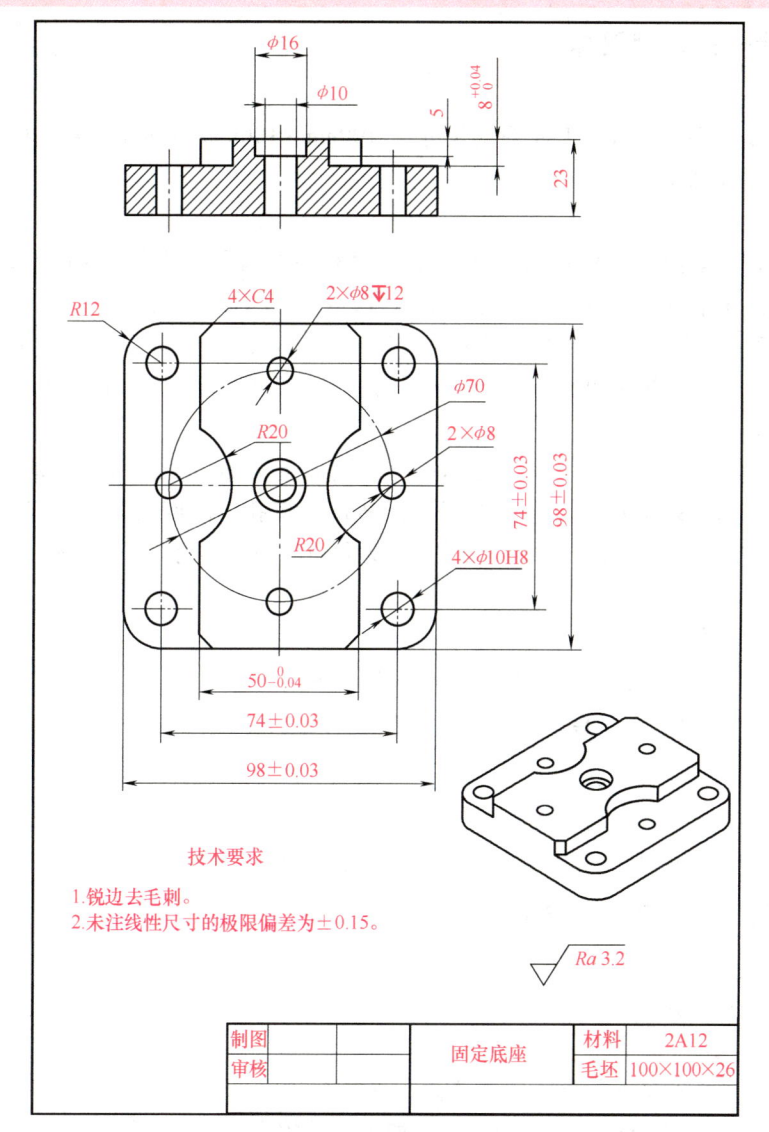

| 制图 | | 固定底座 | 材料 | 2A12 |
| 审核 | | | 毛坯 | 100×100×26 |

图 8-1　固定底座零件图

任务一　制订固定底座加工工艺

任务实施

步骤一：识读图样

1. 标题栏

如图 8-1 所示，工件毛坯尺寸为 100mm×100mm×26mm，毛坯材料为 2A12 铝合金。

2. 分析尺寸

1) 该零件主要加工面为平面、凸台和各类型孔，共有 2 层凸台结构，底层为矩形外形轮廓，上层为成形凸台，各类孔共有 7 处。

2) 固定底座底部外形尺寸为 98mm×98mm、圆角 R12mm；成形凸台外形尺寸为 50mm×98mm，凸台中间两处凹弧尺寸为 R20mm，凸台高度为 8mm。

3) 工件中心为一台阶孔；φ70mm 圆周上分布着 4 个 φ8mm 孔，左、右两个为 φ8mm 通孔，上、下两个为 φ8mm 盲孔，深度为 12mm；圆周上分布着 4×φ10H8 孔，孔中心线在 X、Y 方向的间距均为 74±0.03mm。

3. 技术要求

1) 锐边去毛刺。

2) 未注线性尺寸的极限偏差为 ±0.15mm。

步骤二：选择刀具

1) 面铣刀（φ60mm）1 把。

2) φ10mm 立铣刀 1 把。

3) φ8mm 麻花钻 1 把，φ9.8mm 钻头 1 把，φ10H8 铰刀 1 把。

步骤三：确定装夹方案

1. 夹具选择

选用机用平口钳安装工件。

2. 装夹顺序

1) 第一次装夹选择工件顶面，选择合适厚度的垫铁，让工件表面伸出钳口 15~20mm，此处取 18mm，加工工件的底平面和外形轮廓。

相关知识

8-1　孔加工方法的选择

在数控机床上加工孔的方法一般有钻孔、扩孔、铰孔和镗孔等。孔加工方案的确定，应根据孔的加工要求，结合尺寸、具体的生产条件、批量的大小以及毛坯上有无预加孔，合理选用加工方法。

1) 加工尺寸公差等级为 IT9，当孔径小于 10mm 时，可采用钻→铰加工方案；当孔径小于 30mm 时，可采用钻→扩加工方案；当孔径大于 30mm 时，可采用钻→镗加工方案。此方案适用于工件材料为淬火钢以外的金属的情况。

数控铣床钻孔

2) 加工尺寸公差等级为 IT8，当孔径小于 20mm 时，可采用钻→铰加工方案；当孔径大于 20mm 时，可采用钻→扩→铰加工方案，也可以采用最终工序为精镗的方案。此方案适用于工件材料为淬火钢以外的金属的情况。

3) 加工尺寸公差等级为 IT7，当孔径小于 12mm 时，可采用钻→粗铰→精铰加工方案；当孔径为 12~60mm 时，可采用钻→扩→粗铰→精铰加工方案。对于毛坯已铸出或锻出毛坯孔的孔加工，一般采用粗镗→半精镗→孔口倒角→精镗加工方案。

4) 孔精度要求较低且孔径较大时，可采用立铣刀粗铣→精铣加工方案。有空刀槽时可用锯片铣刀在半精镗之后、精镗之前铣削完成，也可用镗刀进行单刃镗削，但效率低。

5) 有同轴度要求的小孔，须采用铣平端面→钻中心孔→钻→半精镗→孔口倒角→精镗（或铰）加工方案。为提高孔的位置精度，在钻孔前须安排锪平端面和钻中心孔工步。孔口倒角安排在半精加工之后、精加工之前，以防孔内产生毛刺。

[实例应用]：本项目中，尺寸 φ8mm 为自由公差，精度等级低，可以采用钻削工艺 1 次加工完成，φ10H8 精度较高，采用钻→铰的加工工艺。

钻头

2) 第二次装夹选择已经加工好的工件底面外形对边，选择合适厚度的垫铁，让工件表面伸出钳口 8~13mm，此处取 11mm。

步骤四：制订加工工艺

1. 确定工件坐标系原点

工件在 XY 平面上为一正方形，选择正方形的中心为 X 轴和 Y 轴的原点位置，选择工件的上表面为 Z 轴原点位置。

2. 拟订加工工艺路线

1) 底面及外轮廓加工路线。

正面装夹，夹持毛坯面，以手动方式铣平面（φ60mm 面铣刀）→粗、精铣底面外形轮廓 98mm×98mm（φ10mm 立铣刀），高 16mm。

2) 顶面轮廓及孔系加工路线。

反面装夹，夹持工件 98mm 对边→以手动方式粗、精铣顶面（φ60mm 面铣刀），保证总厚尺寸 23mm→粗、精铣外形轮廓 50mm×98mm，高 8mm，→钻 2×φ8mm，深 12mm 孔→钻 2×φ8mm 通孔→钻圆周分布孔→钻中间 φ10mm 通孔→钻 4×φ9.8mm 底孔→铰孔 4×φ10H8，→铣中心台阶孔 φ16mm，深 5mm。

3. 确定切削用量（见表 8-1）

表 8-1 固定底座的切削用量

刀具类型	粗铣				精铣			
	主轴转速 $n/(r/min)$	背吃刀量 a_p/mm	侧吃刀量 a_e/mm	进给速度 $F/(mm/min)$	主轴转速 $n/(r/min)$	背吃刀量 a_p/mm	侧吃刀量 a_e/mm	进给速度 $F/(mm/min)$
面铣刀	1200	0.5	48	400	1200	0.2~0.5	48	400
立铣刀	1200	4	4	400	1800	0.1	0.1	300
钻头	600	—	4~5	60	—	—	—	—
φ10H8 铰刀	—	—	—	—	100	—	0.1	—

步骤五：填写工序卡

根据步骤四制订的加工工艺，填写表 8-2 加工工序卡。

8-2 钻头的种类及应用

分类方法	钻头种类	适用场合
按柄部结构分	直柄式	直径小于 φ12mm 的钻夹头，适用于钻床、车床、加工中心
按柄部结构分	锥柄式	直径>φ12mm 的钻头，适用于摇臂钻床、数控铣床
按切削刃结构分	整体式钻头：整体由同一材料制造而成，如高速钢麻花钻、整体硬质合金麻花钻 端焊式钻头：切削部分由碳化物焊接而成 折分式钻头：在钻尖切削刃部分通过螺钉安装刀片，常见的有嵌刃式钻头和可转位刀片钻头	

8-3 麻花钻的结构与组成

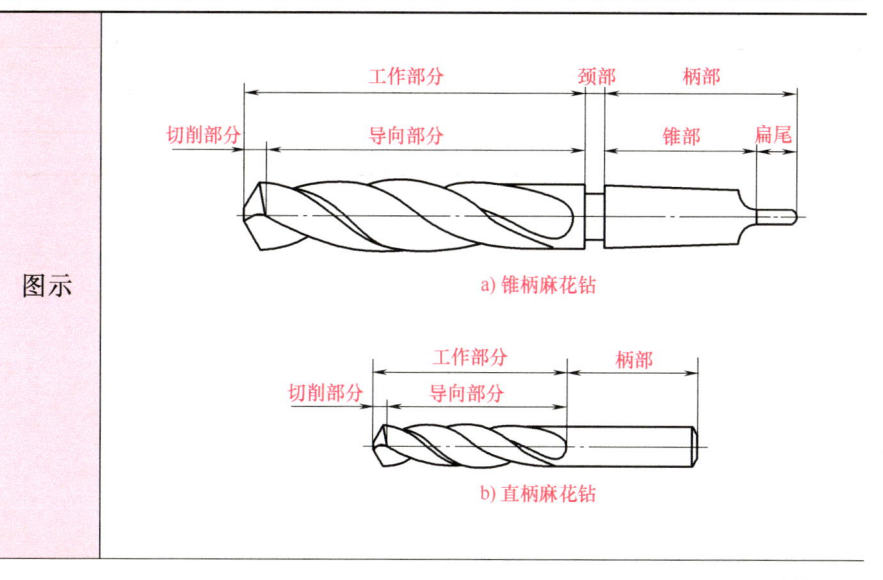

图示：

a) 锥柄麻花钻

b) 直柄麻花钻

表 8-2 固定底座加工工序卡

零件名称		零件图号		系统		加工材料	
程序名称						使用夹具	

工序装夹图

工步	工步内容	刀具	切削用量			
			主轴转速 n (r/min)	进给量 f/(mm/r)	侧吃刀量 a_e/mm	背吃刀量 a_p/mm
1						
2						
3						
4						

（续）

组成	1）柄部：钻头上供装夹用的部分，并用以传递钻孔所需的动力（转矩和轴向力），结构上有直柄和锥柄之分 2）颈部：位于工作部分和柄部之间的过渡部分，通常作为砂轮退刀槽 3）工作部分：由切削部分和导向部分组成

麻花钻的组成

任务测评

1. 知识测评

确定本任务的关键词,按重要程度进行关键词排序并举例解读。

根据自己对重要信息捕捉、排序、表达、创新和划分权重的能力进行自评,满分为100分,见表8-3。

表8-3 制订固定底座加工工艺知识测评表

序号	关键词	举例解读	自评评分
1			
2			
3			
4			
总分			

2. 能力测评

对表8-4所列作业内容进行测评,操作规范即得分,操作错误或未操作得零分。

表8-4 制订固定底座加工工艺能力测评表

序号	能力点	配分	得分
1	识读图样	15	
2	选择刀具	10	
3	确定装夹方案	15	
4	制订加工工艺	30	
5	填写工序卡	30	
总分		100	

3. 素养测评

对表8-5所列素养点进行测评,做到即得分,未做到得零分。

表8-5 制订固定底座加工工艺素养测评表

序号	素养点	配分	得分
1	学习纪律	20	
2	工具使用、摆放	20	
3	态度严谨认真、一丝不苟	20	
4	互相帮助、团队合作	20	
5	学习环境"7S"管理	20	
总分		100	

4. 拓展训练

1)请列举出在制订固定底座加工工艺过程中易出现的问题,分析产生问题的原因并制定解决方案。

2)请按下列思维导图格式,对制订固定底座加工工艺的学习收获进行总结。

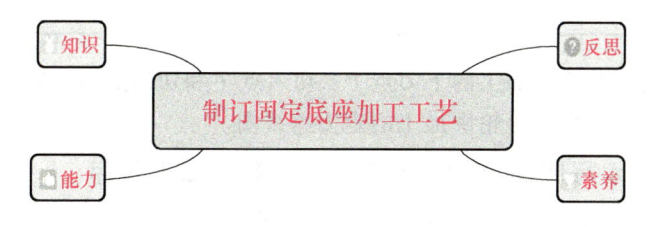

任务二 编制固定底座加工程序

任务实施

一、编制底面轮廓的加工程序

步骤一：确定底面外形轮廓的走刀路线

1) 确定底面轮廓加工的各基点。

在表 8-6 中标出底面轮廓上的各几何基点，将坐标填入表中。

表 8-6 底面轮廓基点坐标

基点	X 坐标	Y 坐标
1		
2		
3		
4		
5		
6		

其他点坐标：加工深度 $Z=$（　　）；起刀点（　　）；下刀点（　　）；切入起点（　　）；切出终点（　　）

2) 选定外轮廓加工的下刀点 P、切入点 T 和切出点 Q，并标记。

3) 绘制底面外形轮廓加工的走刀路线图。

步骤二：编写底面 98mm×98mm 轮廓的加工程序

完成底面 98mm×98mm 轮廓加工程序的编写，见表 8-7。

表 8-7 底面 98mm×98mm 轮廓加工参考程序

程序段号	程序内容	说明
N10		
N20		
N30		

相关知识

8-4 孔加工循环指令

1. 孔加工循环指令的运作过程

孔加工循环指令为模态指令，一旦某个孔加工循环指令有效，在接着的所有 X、Y 位置均采用该孔加工循环指令进行加工，直到用 G80 指令取消孔加工循环为止。在孔加工循环指令有效时，刀具在 XY 平面内的运动方式为快速定位（G00）方式。孔加工循环由 6 个动作组成，如图 8-2 所示。

1) $A \rightarrow B$：刀具快速移动到孔加工循环起始点 $B(X,Y)$；
2) $B \rightarrow R$：刀具沿 Z 轴快速移动到 R 参考平面；
3) $R \rightarrow E$：切削进给加工；
4) E 点：加工至孔底位置（如进给暂停、刀具偏移、主轴准停、主轴反转等动作）；
5) $E \rightarrow R$：刀具快速返回到 R 参考平面；
6) $R \rightarrow B$：刀具返回到起始点 B。

2. 钻孔固定循环指令（G81）

如图 8-2 所示，主轴正转，刀具从起始点快速移动到 R 安全表面，然后以进给速度进行钻孔，到达孔底位置后，刀具快速返回（无孔底动作）到 R 安全

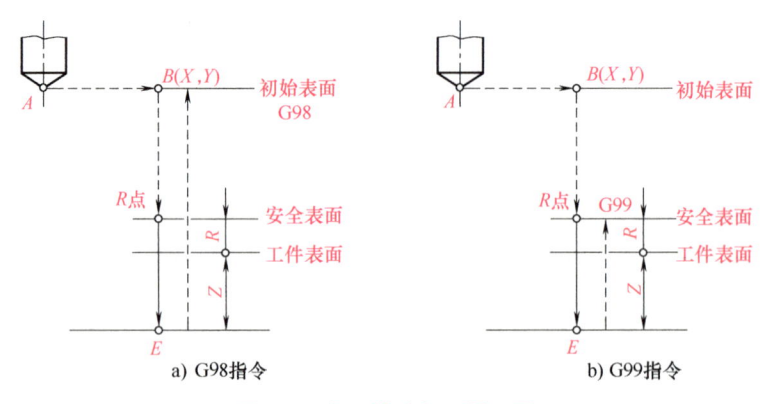

a) G98指令　　b) G99指令

图 8-2 G81 钻孔加工循环图

（续）

程序段号	程序内容	说明
N40		
N50		
N60		
N70		
N80		
N90		

二、编制顶面凸台的加工程序

步骤一：确定顶面凸台的走刀路线

1) 确定顶面凸台各轮廓的基点坐标。

在表8-8中标出轮廓上的各几何基点。

表8-8 顶面凸台轮廓编程基点

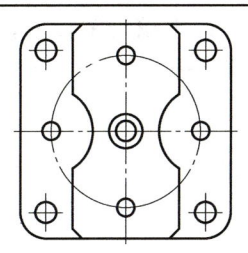

轮廓名称	各基点X，Y坐标，基点按数字编号，如2（X40,Y-20）	其他点坐标
外形轮廓 50mm×98mm		加工深度Z= 起刀点（ ） 下刀点（ ） 切入起点（ ） 切出终点（ ）
各个孔中心坐标		

2) 选定轮廓加工的下刀点P、切入点T和切出点Q，并标记。

3) 绘制轮廓加工走刀路线图。

步骤二：编制50mm×98mm外形轮廓的加工程序

编写加工程序，并填写表8-9。

表面（G99）或起始点（G98）位置。

指令格式：

$\left.\begin{array}{l}G98 \\ G99\end{array}\right\}$ G81 X__ Y__ R__ Z__ F__；

⋮

X__ Y__；

X__ Y__；

⋮

G80；

指令说明：

1) G98和G99均为模态指令，G98指令表示孔加工循环结束后刀具返回到起始点B的位置，进行其他孔的定位；G99指令则表示刀具返回到安全表面R的位置，进行其他孔的定位；默认为G98。

2) 第1条G81指令中的X、Y表示孔的位置，表示第一个孔的位置，G81指令之后程序段中的X、Y表示需要加工的其他孔的位置。

3) R：钻孔安全高度。

4) Z：钻孔深度。

5) F：进给速度（mm/min）。

6) G80：固定循环取消。

如图8-3所示，要求用G81指令加工所有孔，采用G98指令编程，加工程序如下：

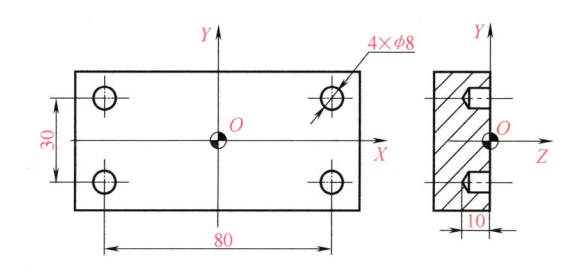

图8-3 G81加工所有孔示意图

O0001；

G90 G54 G00 Z100 S1000 M03；

表8-9 50mm×98mm 外形轮廓加工参考程序

程序段号	程序内容	说明
N10		
N20		
N30		
N40		
N50		
N60		
N70		
N80		
N90		
N100		
N110		

步骤三：编制顶面钻孔、铰孔加工程序

完成钻孔、铰孔加工参考程序的编写，见表8-10。

表8-10 钻孔、铰孔加工参考程序

程序段号	程序内容	说明
N10		
N20		
N30		
N40		
N50		
N60		
N70		
N80		
N90		
N100		

X0. Y0.；
M08；
G98 G81 X40.0 Y-15.0 R5.0 Z-10.0 F30；
Y15.0；
X-40.0；
Y-15.0；
G80；
X0. Y0.；
M09；
M05；
M30；

3. 深孔钻削循环指令（G83）

G83指令与G81指令的主要区别是：G83指令用于深孔加工，采用间歇进给运动，有利于排屑。其刀具每次进给深度为Q，退刀量为d（由数控系统内部参数设定），直到孔底位置为止，在孔底加进给暂停动作，即当钻头加工到孔底位置时，刀具不做进给运动，并保持主轴旋转状态，有利于保证孔的表面质量，如图8-4所示。

指令格式：

$\left.\begin{array}{c}G98\\G99\end{array}\right\}$ G83 X__ Y__ R__ Z__ P__ Q__ F__；

⋮

X__ Y__；

X__ Y__；

⋮

G80；

指令说明：

1) X, Y：孔位置坐标；
2) R：安全表面高度；
3) Z：钻孔深度；
4) P：暂停时间（ms），默认值为0ms；
5) Q：每次进给深度，为正值；
6) F：进给速度。

步骤四：编制 φ16mm 台阶孔的加工程序

完成 φ16mm 台阶孔加工参考程序的编写，见表 8-11。

表 8-11 φ16mm 台阶孔加工参考程序

程序段号	程序内容	说明
N10		
N20		
N30		
N40		
N50		
N60		
N70		
N80		
N90		
N100		

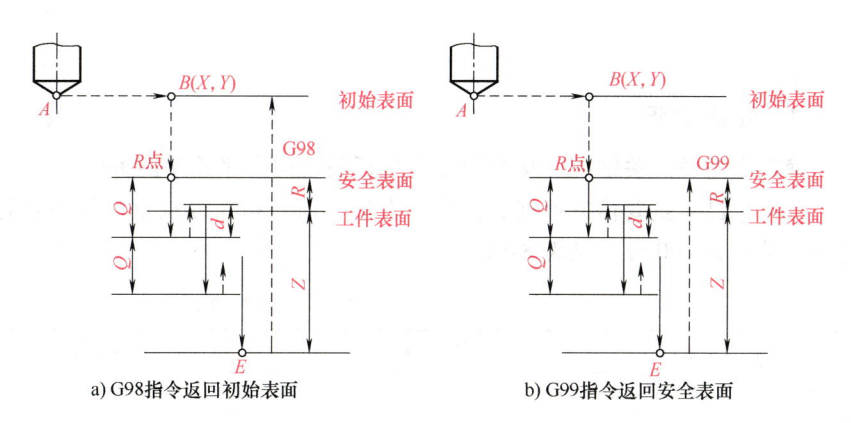

a) G98指令返回初始表面　　b) G99指令返回安全表面

图 8-4　深孔钻削循环指令（G83）加工循环图

任务测评

1. 知识测评

确定本任务的关键词,按重要程度进行关键词排序并举例解读。

根据自己对重要信息捕捉、排序、表达、创新和划分权重的能力进行自评,满分为100分,见表8-12。

表8-12 编制固定底座加工程序知识测评表

序号	关键词	举例解读	自评评分
1			
2			
3			
4			
5			
总分			

2. 能力测评

对表8-13所列作业内容进行测评,操作规范即得分,操作错误或未操作得零分。

表8-13 编制固定底座加工程序能力测评表

序号	能力点	配分	得分
1	编制底面轮廓的加工程序	50	
2	编制顶面凸台的加工程序	50	
总分		100	

3. 素养测评

对表8-14所列素养点进行测评,做到即得分,未做到得零分。

表8-14 编制固定底座加工程序素养测评表

序号	素养点	配分	得分
1	学习纪律	20	
2	工具使用、摆放	20	
3	态度严谨认真、一丝不苟	20	
4	互相帮助、团队合作	20	
5	学习环境"7S"管理	20	
总分		100	

4. 拓展训练

1)请列举出在编制固定底座加工程序过程中易出现的问题,分析产生问题的原因并制定解决方案。

2)请按下列思维导图格式,对编制固定底座加工程序的学习收获进行总结。

任务三 加工固定底座

任务实施

步骤一：准备工作

仔细检查工、量具以及机床的准备情况，填写表 8-15 和表 8-16。

表 8-15 工、量具的准备

检查内容	工具	刀具	量具	毛坯
检查情况				

注：经检查后该项完好，在相应项目下打"√"；若出现问题应及时调整。

表 8-16 机床的准备

检查部分	机械部分			数控系统部分			辅助部分		
	主轴	工作台	防护门	操作面板	系统面板	驱动系统	冷却、润滑装置	气动装置	夹具
检查情况									

步骤二：加工操作过程

按照表 8-17 所列的操作步骤，操作数控铣床，完成固定底座的加工。

表 8-17 固定底座加工操作过程

加工零件	固定底座	设备编号	X01
		设备名称	数控铣床
		操作员	
操作项目	操作步骤	操作要点	
开始	1）装夹工件 2）装夹铣刀	工件表面伸出长度应合适并夹牢，安装刀具要注意伸出长度	
离心法对刀	用离心式寻边器对刀完成 G54 工件坐标系设置	对刀完毕检查是否准确	
输入程序	在编辑方式下，完成程序的输入	注意程序代码、指令格式，输好后对照原程序检查一遍	

相关知识

8-5 XY 平面找正

使用百分表找正程序原点只适合于几何形状为回转体的零件。通过百分表找正，可使主轴轴线与工件轴线共线，如图 8-5 所示，其找正方法如下：

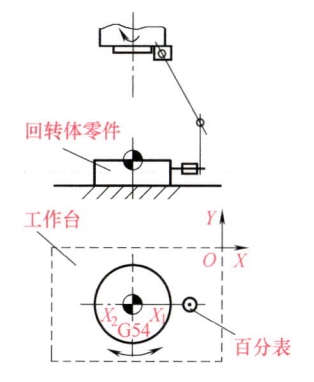

图 8-5 用百分表找正程序原点

1）找正前先用手动方式把主轴调整到工件上表面附近，大致使主轴轴线与工件轴线共线，再抬起主轴到一定的高度，把磁力表座吸附在主轴端面上，安装好百分表表头，使表头与工件圆柱面垂直。

2）找正时，可先对 X 轴或 Y 轴进行单独找正。若先对 X 轴找正，则规定 Y 轴不动，调整工件在 X 方向的坐标。通过旋转主轴，使百分表绕着工件在 X_1 与 X_2 点之间做旋转运动，通过反复调整工作台 X 方向的运动，使百分表指针在 X_1 点的位置与 X_2 点相同，说明 X 轴找正完毕。同理，进行 Y 轴的找正。

3）记录"POS"屏幕中机械坐标值中的 X、Y 坐标值，即为工件坐标系（G54）X、Y 坐标值，将其输入到相应的工件坐标系即可。

(续)

操作项目	操作步骤	操作要点
空运行检查	将 EXT 坐标系中的 Z 设置为 100，Z 轴会正向抬高 100mm，在自动方式下用 MST 辅助功能将机床锁住，打开空运行，调出图形窗口，设置好图形参数，开始执行空运行检查	检查刀路轨迹与编程轮廓是否一致，如有问题，回到上一步骤，检查、修改程序，结束空运行后，注意回到机床初始坐标状态
单段试运行	自动加工开始前，先按下"单段方式"键，然后按下"循环启动"按钮	单段循环开始时进给倍率由低到高，运行中主要检查铣刀运行轨迹是否正确
自动连续加工	关闭"单段循环"功能，执行连续加工	注意监控程序的运行。如发现加工异常，按进给保持键。处理好后，恢复加工
卸下工件，整理机床	加工结束，卸下工件，使用修边器修整工件上的毛刺	修整毛刺时注意安全，避免划伤手指

任务测评

1. 知识测评

确定本任务的关键词，按重要程度进行关键词排序并举例解读。

根据自己对重要信息捕捉、排序、表达、创新和划分权重的能力进行自评，满分为100分，见表8-18。

表8-18　加工固定底座知识测评表

序号	关键词	举例解读	自评评分
1			
2			
3			
4			
5			
总分			

2. 能力测评

对表8-19所列作业内容进行测评，操作规范即得分，操作错误或未操作得零分。

表8-19　加工固定底座能力测评表

序号	能力点	配分	得分
1	准备工作	30	
2	加工操作过程	70	
	总分	100	

3. 素养测评

对表8-20所列素养点进行测评，做到即得分，未做到得零分。

表8-20　加工固定底座素养测评表

序号	素养点	配分	得分
1	学习纪律	20	
2	工具使用、摆放	20	
3	态度严谨认真、一丝不苟	20	
4	互相帮助、团队合作	20	
5	学习环境"7S"管理	20	
	总分	100	

4. 拓展训练

1）请列举出在加工固定底座过程中易出现的问题，分析产生问题的原因并制定解决方案。

2）请按下列思维导图格式，对加工固定底座的学习收获进行总结。

任务四 检测固定底座

任 务 实 施

步骤一：检测准备工作

仔细校验所需量具，填写表8-21。

表8-21 量具校验

检查内容	0~150mm 游标卡尺	0~25mm 千分尺	75~100mm 千分尺	光滑塞规 φ10H8	0~200mm 游标深度卡尺
检查情况					

注：经检查后该项完好，在相应项目下打"√"；若出现问题应及时调整。

步骤二：检测固定底座

检测固定底座尺寸，填写表8-22。

表8-22 固定底座加工质量评分表

序号	项目	内容	配分	评分标准	检测结果	得分
1	底面正方形	98±0.03mm（2处）	14	超差0.02mm以内扣分值一半，超差0.02mm以上不得分，自由公差超差不得分		
2	顶面轮廓	$50_{-0.04}^{0}$ mm	7			
3		R20mm	6			
4	孔系	2×φ8mm 通孔	4			
5		2×φ8mm 深12mm	4			
6		4×φ10H8 通孔	12			
7		74±0.03mm（2处）	8			
8		深孔 φ16mm×5mm，φ10mm 通孔	6			
9	深度	$8_{0}^{+0.04}$ mm	4			
10		总厚 23mm	5			
11	圆角、倒角	R12mm	8	超差不得分		
12		4×C4	8			
13	表面粗糙度	Ra3.2μm	8	降级1处扣2分		
14	其他	去毛刺	6	超差1处扣1分		
	综合得分		100			

相 关 知 识

8-6 光滑塞规的结构

锥柄圆柱塞规（见图8-6）主要用于检验直径尺寸为1~50mm的孔。其两测头带有圆锥形的柄部（锥度1∶50），把它压入手柄的锥孔中，依靠圆锥的自锁性，可将其紧固连接在一起。

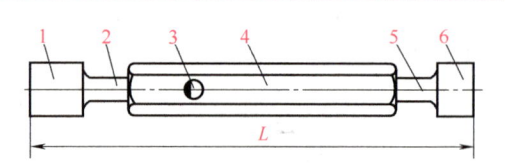

图8-6 锥柄圆柱塞规的结构

1—通端测头　2、5—锥柄
3—锁槽　4—手柄　6—止端测头

8-7 光滑塞规的使用方法

对于垂直位置的孔，用手拿着塞规的柄部，顺着孔的轴线，不加压力，凭借塞规本身的重量，让通端滑进孔内，检验完毕，再把塞规顺着轴线轻轻地拔出来；对于水平位置的孔，用手拿着塞规柄部，把通端轻轻地送入孔中，通端的任意方向上都应该能进入工件的孔中，并通过工件。

塞规

8-8 光滑塞规的使用注意事项

1）使用前要认真地进行检查。检查塞规有没有检定合格的标记或其他证明；检查塞规的工作表面上是否有锈斑、划痕和毛刺等缺陷；还要检查工件的被检验部位是否有毛刺、凸起、划伤等缺陷。然后要辨别哪是通端、哪是止端，不要弄错，并用清洁的细棉纱或软布，把塞规的工作表面擦干净，允许在工作表面上涂一层薄油，以减少磨损。

2）使用塞规时要轻拿轻放，不能随意丢掷；不要使其与工件碰撞，要将工件放稳后再进行检验；检验时要轻卡轻塞。

3）塞规的通端要通过每一个合格的工件，其测量面经常磨损，因此需要定期检定。对工作量规，当塞规通端接近或超过其最小极限、环规通端接近或超过其最大极限尺寸时，工作量规要改为验收量规来使用。当验收量规接近或超过磨损极限时，应立即报废，停止使用。

任务测评

1. 知识测评

确定本任务的关键词,按重要程度进行关键词排序并举例解读。

根据自己对重要信息捕捉、排序、表达、创新和划分权重的能力进行自评,满分为100分,见表8-23。

表8-23 检测固定底座知识测评表

序号	关键词	举例解读	自评评分
1			
2			
3			
4			
总分			

2. 能力测评

对表8-24所列作业内容进行测评,操作规范即得分,操作错误或未操作得零分。

表8-24 检测固定底座能力测评表

序号	能力点	配分	得分
1	检测准备工作	30	
2	检测固定底座	70	
总分		100	

3. 素养测评

对表8-25所列素养点进行测评,做到即得分,未做到得零分。

表8-25 检测固定底座素养测评表

序号	素养点	配分	得分
1	设备及工、量具检查	25	
2	加工安全防护	25	
3	量具清洁校准	25	
4	工位摆放"5S"管理	25	
总分		100	

4. 拓展训练

1)请列举出在检测固定底座过程中易出现的问题,分析产生问题的原因并制定解决方案。

2)请按下列思维导图格式,对检测固定底座的学习收获进行总结。

学习成果

一、成果描述

根据以上所学知识技能,分析图8-7所示多孔透板的数控铣加工工艺,并完成零件加工与检测。

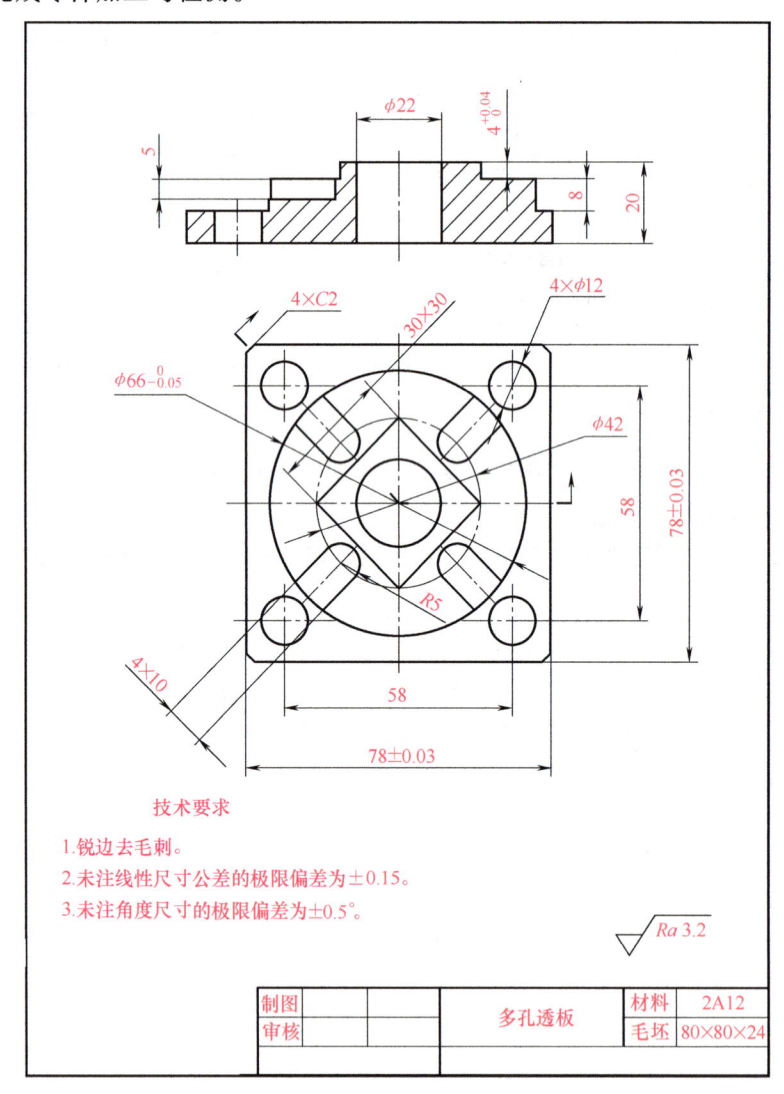

图 8-7 多孔透板

技术要求
1. 锐边去毛刺。
2. 未注线性尺寸公差的极限偏差为±0.15。
3. 未注角度尺寸的极限偏差为±0.5°。

二、实施准备

(一)学生准备

学生在按照教学进度计划,已经完成了以下学习任务并达到了75分以上后,可进行该学习成果的实施。

1)理解并完成学习成果需要的相关知识和方法的学习,得分>75分。
2)运用学习成果需要的相关知识和方法进行作业,得分>75分。
3)按时、按质、按量完成相应作业,得分>80分。
4)具有自觉遵守技术标准的要求和规定、规范操作、安全、环保、"7S"作业、团结协作的好习惯,得分>80分。
5)能制订多孔透板加工工艺并进行加工。

(二)教师准备

1)在安排学生实施学习成果前,通过课堂问题研讨、作业、实训和考核及其他方式,确认学生已经具备了实施学习成果所需的知识、技能和素养,并确保学生独立进行操作。
2)对学生自评、小组互评、教师评价进行测评方法培训,明确评价的意义和重要性,确保测评结果的准确性和公平性。
3)准备好测评记录。

三、考核方法与标准

1)评价监管:组长监控小组成员自评结果,教师监控小组互评结果,教师最终评价。
2)详细记录学生在实施学习成果过程中的方法步骤、完成时间以及出现错误等情况,要求在150min内完成。
3)考核内容及标准见表8-26。

表 8-26 考核内容及标准

序号	项目	内容	配分	评分标准	检测结果	得分
1	方台	78±0.03mm（2处）	14	超差0.01mm扣1分，扣完为止，未注公差尺寸超差不得分		
2		4×C2	4			
3	圆台	$\phi 66_{-0.05}^{0}$ mm	7			
4	菱形	30mm×30mm	8			
5	大孔	ϕ22mm	6			
6	U形槽	4×10mm	12			
7		ϕ42mm	4			
8		R5mm	4			
9	深度	5mm	4	超差0.01mm扣1分，扣完为止		
10		$4_{0}^{+0.04}$ mm	6			
11		8mm	4			
12	孔	4×ϕ12	8	超差不得分		
13		58mm（2处）	4	超差不得分		
14	厚度	20mm	4	超差不得分		
15	表面粗糙度	Ra3.2μm	6	超差不得分		
16	其他	锐边去毛刺	5	超差不得分		
综合得分			100			

拓展阅读：国产数控系统打破海外技术垄断

借着改革开放的东风，我国制造业强势崛起，制造业规模已经超过美国，成为全球制造业第一大国。但我国制造业制造技术和水平依然需要提高。拥有我国自主知识产权的武汉华中数控股份有限公司在自主高性能数控领域掌握了关键技术。早在2009年，坚持走自主创新之路、立志壮大中国民族数控产业的武汉华中数控股份有限公司，启动了"高档数控机床与基础制造设备"国家科技重大专项。在政府的支持下，武汉华中数控股份有限公司开启大胆又细心的自主研发的艰难旅程。终于，在2016年，武汉华中数控股份有限公司成功研发出华中8型数控系统。根据中国机械工业联合会组织的鉴定，华中8型数控系统已经达到国际先进水平。

如今，我国在数控机床"大脑"这项关键核心技术上成功实现突破，不仅是从0到1的进步，而且是中国制造业迈向高端化的重要一步。在这艰难一步的实现过程中，武汉华中数控股份有限公司功不可没。

项目九　凹模板的数控铣削加工

项目描述

依据数控铣工国家职业标准相关规定制订凹模板（见图9-1）加工工艺，编制加工程序，加工出合格的工件并进行检测。

项目要求

1）制订凹模板的加工工艺。
2）编制凹模板的加工程序。
3）按图样要求加工凹模板。
4）制定测量方案，完成凹模板加工质量的检测。

学习目标

1）能按照数控铣工国家职业标准的要求，正确制订凹模板的加工工艺。
2）能为凹模板加工操作选择合适的夹具、刀具、量具。
3）能为加工凹模板编写正确的数控加工程序。
4）能正确操作数控铣床加工出合格的凹模板。
5）能严格遵守数控铣工的操作规程，并能自觉执行车间的"7S"规范、养成精益求精的职业素养。
6）培养敬业奉献、服务人民的意识。

学习载体

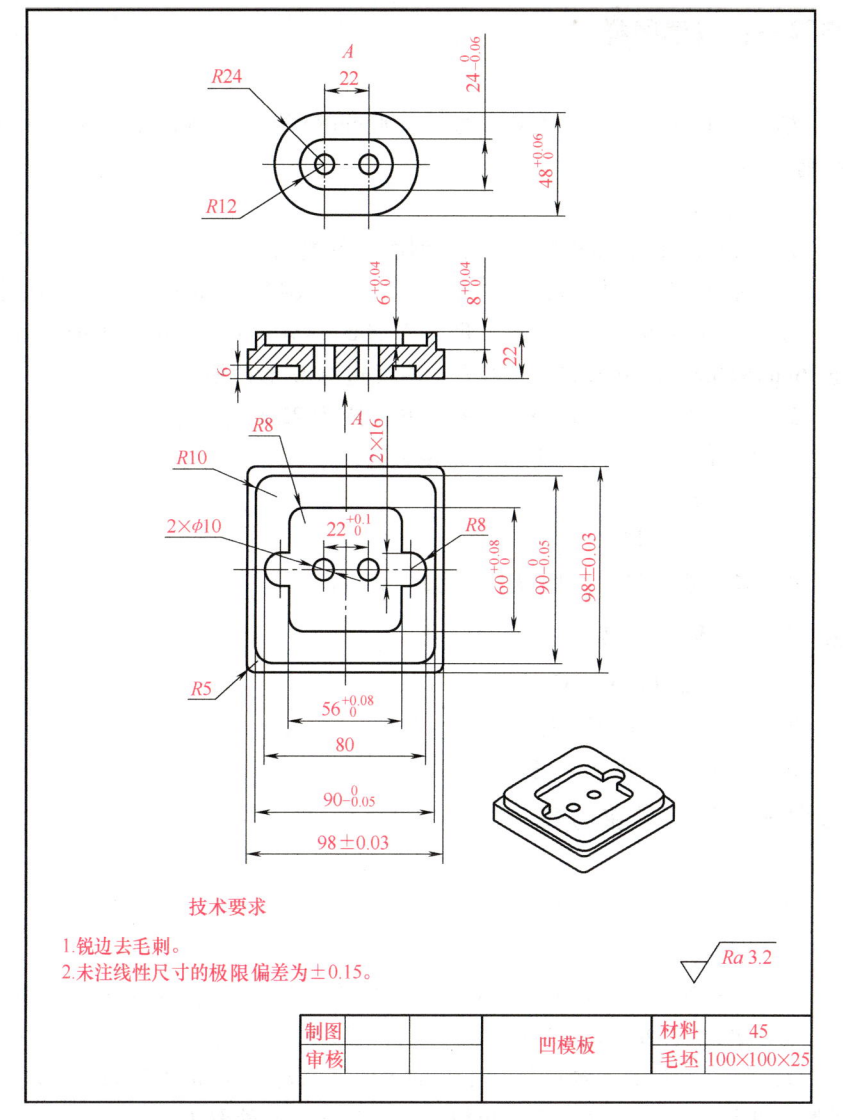

图9-1　凹模板零件图

任务一　制订凹模板加工工艺

任务实施

步骤一：识读图样

1. 标题栏

如图 9-1 所示，工件毛坯尺寸为 100mm×100mm×25mm，毛坯材料为 45 钢。

2. 分析尺寸

1) 该零件主要加工面为平面、型腔和各类孔。

2) 凹模板底面外形尺寸为 98mm×98mm、圆角 R5mm，底面有环形沟槽；零件顶面有矩形凸台，外形尺寸为 90mm×90mm，圆角 R10mm，有一处 56mm×60mm 矩形型腔，型腔左、右两边有 U 形凹槽。

3) 零件上有两种 φ10mm 通孔，孔间距为 22mm。

4) 零件总厚尺寸为 22mm，自由公差。

3. 技术要求

1) 锐边去毛刺。

2) 未注线性尺寸的极限偏差为 ±0.15mm。

步骤二：选择刀具

1) 面铣刀（φ60mm）1 把。

2) φ10mm 立铣刀 1 把。

3) φ10mm 麻花钻 1 把。

步骤三：确定装夹方案

1. 夹具选择

选用机用平口钳安装工件。

2. 装夹顺序

1) 第一次装夹选择工件顶面，选择合适厚度的垫铁，让工件表面伸出钳口 14~20mm，此处取 18mm，加工工件的底平面、外轮廓及环形凹槽。

2) 第二次装夹选择已经加工好的工件底面对边 98mm×98mm，选择合适厚度的垫铁，让工件表面伸出钳口 8~13mm，此处取 11mm。

相关知识

9-1 槽类工件加工基础知识

1. 封闭型腔加工的一般工艺

加工封闭型腔可以在卧式铣床或立式铣床上，采用指状铣刀（立铣刀或键槽铣刀）加工。在立式数控铣床上，采用立铣刀或键槽铣刀加工型腔、槽时，一般不宜直接用刀具直径控制槽侧尺寸，应该沿着轮廓加工。

2. 型腔、槽加工的进给路线

（1）型腔加工刀具的切入、切出路线　铣削内轮廓表面时，如果切入和切出无法外延，应尽量采用圆弧过渡，在无法实现时，铣刀可沿工件轮廓的法线方向切入和切出，但必须将切入、切出点选在工件轮廓两几何元素的交点处。对于无交点内轮廓加工刀具的切入和切出，为防止刀补取消时在轮廓拐角处留下凹口，刀具切入、切出点应远离拐角。

（2）型腔加工的进给路线　型腔加工有 3 种进给路线，分别为环切法、行切法、行切+环切法，如图 9-2 所示。

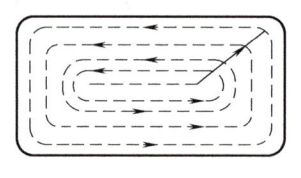

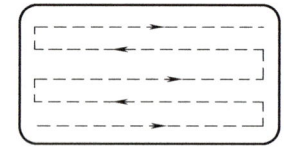

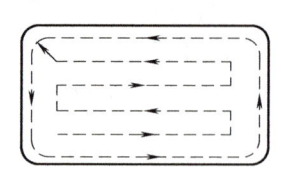

a) 环切法　　　b) 行切法　　　c) 行切+环切法

图 9-2　型腔加工进给路线

（3）加工型腔角落的方法　在粗加工中可以使用直径较大的刀具，以保证高生产率（不能用 G41/G42）；在精加工时采用刀具半径小于朝轮廓内侧弯曲的最小曲率半径；铣削圆的切入、切出路径如图 9-3 所示。

（4）加工型腔的下刀方式　加工型腔的下刀方式主要有 3 种，分别如下：

1) 预钻起始孔。

步骤四：制订加工工艺

1. 确定工件坐标原点

工件在 XY 平面上为一正方形，选择正方形的中心位置为 X 轴和 Y 轴的原点位置，选择工件的上表面为 Z 轴原点位置。

2. 拟订加工工艺路线

1) 底面加工路线。正面装夹，夹持毛坯面，以手动方式铣平面（ϕ60mm 面铣刀）→粗、精铣底面外形 98mm×98mm（ϕ10mm 立铣刀），深 15mm→钻孔 ϕ10mm，深 5.7mm，钻 2×ϕ10mm 通孔→粗、精铣环形凹槽。

2) 顶面加工路线。反面装夹，夹持工件 98mm 对边→以手动方式粗、精铣平面（ϕ60mm 面铣刀），保证总厚尺寸 22mm→粗、精铣正面外形轮廓 90mm×90mm，深 6mm→粗、精铣型腔 56mm×60mm，深 6mm→铣其余部分。

3. 确定切削用量（见表 9-1）

表 9-1 凹模板加工的切削用量

刀具类型	粗铣				精铣			
	主轴转速 n/(r/min)	背吃刀量 a_p/mm	侧吃刀量 a_e/mm	进给速度 F/(mm/min)	主轴转速 n/(r/min)	背吃刀量 a_p/mm	侧吃刀量 a_e/mm	进给速度 F/(mm/min)
面铣刀	1200	0.5	48	400	1200	0.2~0.5	48	400
立铣刀	1200	4	4	400	1800	0.1	0.1	300
钻头	600	—	4~5	60				

步骤五：填写工序卡

根据步骤四制订的加工工艺，填写表 9-2 加工工序卡。

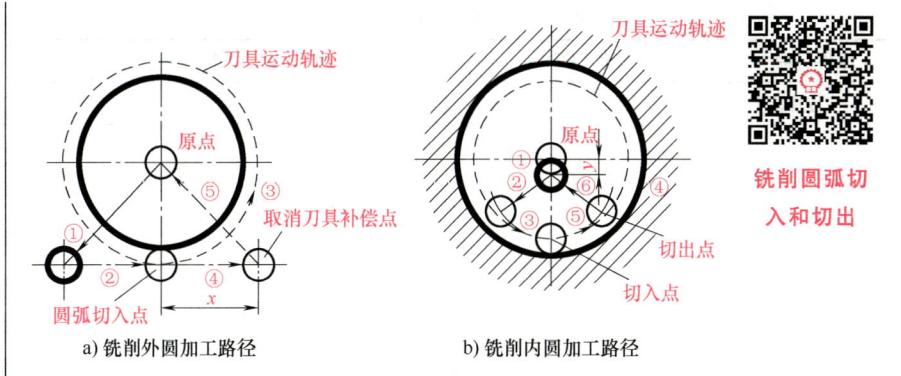

a) 铣削外圆加工路径　　b) 铣削内圆加工路径

图 9-3 铣削圆的切入、切出路径图

2) 线性坡走切削（使用 X、Y 和 Z 方向），以达到全部轴向深度的切削，如图 9-4 所示。

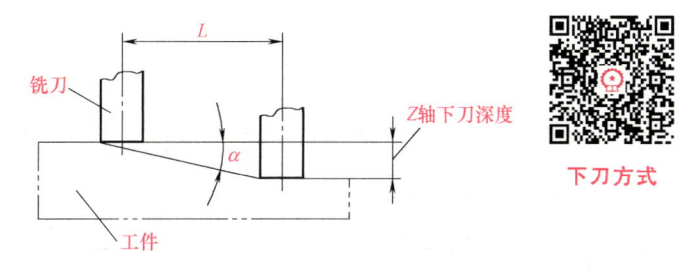

图 9-4 线性坡走切削示意图

3) 以螺旋形式进行插补铣。这是一种非常好的方法，因为它可光滑切削，而且只需要很小的开始空间，如图 9-5 所示。

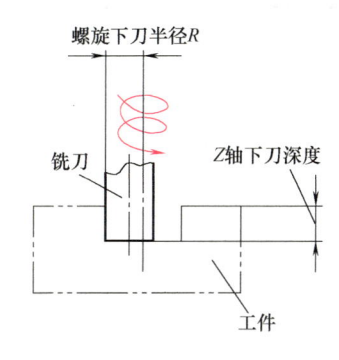

图 9-5 螺旋插补铣示意图

表 9-2 凹模板加工工序卡

零件名称		零件图号		系统		加工材料	
程序名称					使用夹具		

工序装夹图

工步	工步内容	刀具	切削用量			
			主轴转速 n (r/min)	进给量 $f/(mm/r)$	侧吃刀量 a_e/mm	背吃刀量 a_p/mm
1						
2						
3						
4						

3. 键槽铣刀

封闭型腔可以在卧式铣床或立式铣床上采用立铣刀或键槽铣刀加工。

键槽铣刀有两个刀齿,圆柱面和端面都有切削刃,端面刃延至中心,既像立铣刀又像钻头。加工时先轴向进给达到槽深,然后沿键槽方向铣出键槽全长。键槽铣刀的尺寸应满足以下要求。

1) 内槽圆角的大小决定刀具直径的大小,所以内槽圆角半径不应太小。刀具半径 R 小于朝轮廓内侧弯曲的最小曲率半径 ρ_{min} 时,一般可取 $R = (0.8 \sim 0.9)\rho_{min}$。

2) 如果 ρ_{min} 过小,为提高加工效率,可先采用大直径刀具进行粗加工,然后按上述要求选择刀具,对轮廓上残留余量过大的局部区域进行处理后,再对整个轮廓进行精加工。

任务测评

1. 知识测评

确定本任务的关键词，按重要程度进行关键词排序并举例解读。

根据自己对重要信息捕捉、排序、表达、创新和划分权重的能力进行自评，满分为100分，见表9-3。

表9-3 制订凹模板加工工艺知识测评表

序号	关键词	举例解读	自评评分
1			
2			
3			
4			
总分			

2. 能力测评

对表9-4所列作业内容进行测评，操作规范即得分，操作错误或未操作得零分。

表9-4 制订凹模板加工工艺能力测评表

序号	能力点	配分	得分
1	识读图样	15	
2	选择刀具	10	
3	确定装夹方案	15	
4	制订加工工艺	30	
5	填写工序卡	30	
总分		100	

3. 素养测评

对表9-5所列素养点进行测评，做到即得分，未做到得零分。

表9-5 制订凹模板加工工艺素养测评表

序号	素养点	配分	得分
1	学习纪律	20	
2	工具使用、摆放	20	
3	态度严谨认真、一丝不苟	20	
4	互相帮助、团队合作	20	
5	学习环境"7S"管理	20	
总分		100	

4. 拓展训练

1）请列举出在制订凹模板加工工艺过程中易出现的问题，分析产生问题的原因并制定解决方案。

2）请按下列思维导图格式，对制订凹模板加工工艺的学习收获进行总结。

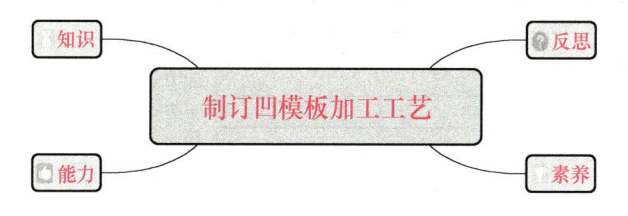

任务二　编制凹模板加工程序

任 务 实 施

一、编制底面轮廓的加工程序

步骤一：确定底面轮廓的走刀路线

1) 确定底面环形凹槽上的各基点，在表9-6中标出各几何基点，将坐标填入表中。

表9-6　轮廓基点坐标

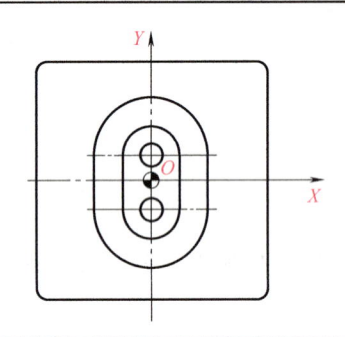

基点	X 坐标	Y 坐标	其他点坐标
1			
2			
3			加工深度 Z=
4			起刀点（　　）
5			下刀点（　　）
6			切入起点（　　）
7			切出终点（　　）
8			
9			

2) 选定外轮廓加工的下刀点 P、切入点 T 和切出点 Q，并标记。
3) 绘制底面外形轮廓加工的走刀路线图。

步骤二：编写 98mm×98mm 外形轮廓的加工程序

完成 98mm×98mm 外形轮廓加工参考程序的编写，填写表9-7。

相 关 知 识

9-2　子程序及其调用

1. 子程序格式及说明

指令格式：

O××××;　　　　　子程序号，由1~4位数字组成
…
…　　　　　　　　子程序内容
…
M99;　　　　　　　子程序结束字

参数说明：子程序号与主程序号基本相同，只是程序结束字用 M99，表示子程序结束并返回。如果子程序最后不使用 M99，则程序运行完子程序就结束。

2. 子程序的调用

指令格式：

M98 P△△△△　×××;

参数说明："△"表示调用子程序的次数，省略代表调用一次，可以是0~4位数；"×"表示被调用的子程序号，必须是4位。

例如，M98 P30023 表示调用 3 次程序名为 O0023 的子程序；M98 P0023 表示调用 1 次程序名为 O0023 的子程序。

注意：在 FANUC Oi 系统中，子程序还可以调用另一个子程序，嵌套深度为4级。

3. 缩放镜像指令

编程时图形形状相同、尺寸不同时，可用比例缩放指令简化编程，如图9-6所示。比例缩放可以在程序中指定，也可以通过设定参数确定比例，沿所有轴以相同比例缩放。

指令格式：

G51 X__ Y__ Z__ P__;
…
G50;

表 9-7 98mm×98mm 外形轮廓加工参考程序

程序段号	程序内容	说明
N10		
N20		
N30		
N40		
N50		
N60		
N70		
N80		
N90		

步骤三：编写底面环形凹槽的加工程序

完成底面环形凹槽加工参考程序编写，填写表9-8。

表 9-8 底面环形凹槽加工参考程序

程序段号	程序内容	说明
N10		
N20		
N30		
N40		
N50		
N60		
N70		
N80		
N90		

二、编制顶面轮廓的加工程序

步骤一：确定 90mm×90mm 外轮廓及型腔内轮廓的走刀路线

1) 在表 9-9 中标出 90mm×90mm 外轮廓及型腔内轮廓上的各几何基点。

参数说明：

1) X、Y、Z：比例中心坐标。

2) P：比例系数，最小输入量为0.001，比例系数的范围为0.001~999.999，指令以后的移动指令，从比例中心点开始，实际移动量为原数值的P倍。P值对偏移量无影响。

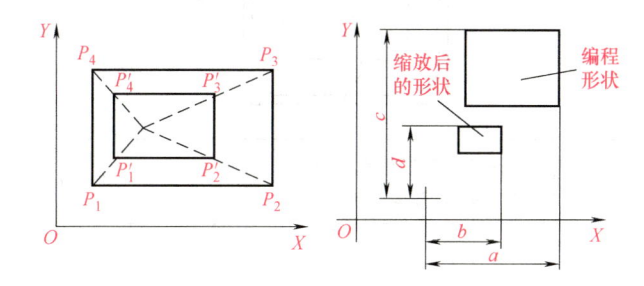

图 9-6 比例缩放示意图

如图9-7所示的矩形 $ABCD$，以 $O(0,0)$ 为中心放大两倍，则其放大图 $A'B'C'D'$ 的加工程序（加工深度为3mm，选择φ12mm的立铣刀，半径补偿号为D02）如下：

O0011；
N10 G54 G90 G17 G21 G40 G50 G80 G49；
N20 S1000 M03；
N30 G00 X-25 Y-40；
N40 Z-3；
N50 G51 X0 Y0 P1000；
N60 M98 P1001；
N70 G50；
N80 G00 Z100；
N90 X0 Y0；
N100 M05；
N110 M30；
O1001；
N10 G41 G01 X-25 Y-30 D02 F100；
N20 Y25；

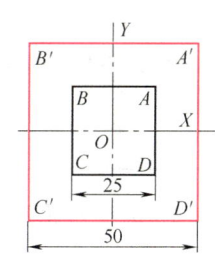

图 9-7 矩形的缩放

表9-9 90mm×90mm外轮廓及型腔内轮廓编程基点

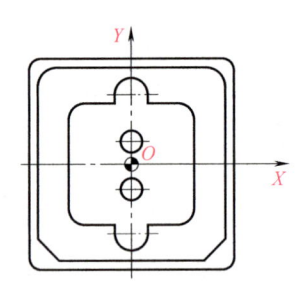

轮廓名称	各基点X,Y坐标,基点按数字编号,如2(X40,Y-20)	其他点坐标
外形轮廓 90mm×90mm		加工深度 Z= 起刀点（ ） 下刀点（ ） 切入起点（ ） 切出终点（ ）
型腔内轮廓各基点		

2）选定外轮廓及型腔加工的下刀点 P、切入点 T 和切出点 Q，并标记。

3）绘制轮廓加工走刀路线图。

步骤二：编制 90mm×90mm 外形轮廓的加工程序

完成 90mm×90mm 外形轮廓加工参考程序的编写，填写表 9-10。

表9-10 90mm×90mm外形轮廓加工参考程序

程序段号	程序内容	说明
N10		
N20		
N30		

N30 X25；

N40 Y-25

N50 X-30；

N60 G40 X-40；

N70 M99；

如图9-8所示零件，第二层三角形凸台 ABC 的顶点坐标为 A(10,10)、B(90,10)、C(50,90)，缩放中心为（50,30），缩放系数为0.5，其加工程序如下：

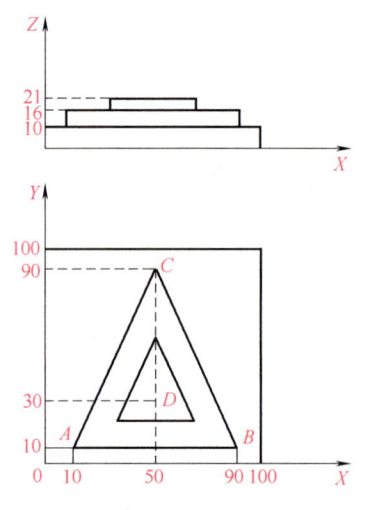

图9-8 比例缩放实例图

O0006；

N10 G90 G54 G00 X0 Y0 Z100；   /绝对方式编程、快速点定位

N20 S1000 M03；

N30 G00 X-20 Y10；

N40 Z30 M08；

N50 G01 Z16 F100；

N60 G51 X50 Y30 P0.5；   /缩放中心及比例

N70 M98 P200；   /调用子程序

N80 G50；

N90 G00 X-20 Y10；

（续）

程序段号	程序内容	说明
N40		
N50		
N60		
N70		
N80		
N90		
N100		
N110		
N120		

步骤三：编制顶面型腔内轮廓加工程序

编制顶面型腔内轮廓加工参考程序，填写表9-11。

表 9-11 顶面型腔内轮廓加工参考程序

程序段号	程序内容	说明
N10		
N20		
N30		
N40		
N50		
N60		
N70		
N80		
N90		
N100		

N100 G01 Z10 F100；
N110 M98 P200；
N120 G00 Z100；
N130 M05；
N140 M30；
O0200；   \子程序
N10 G42 G01 X0 D01；
N20 X90；
N30 X50 Y90；
N40 X10 Y10；
N50 Y-10；
N60 G40 X-20 Y10；
N70 G00 Z30；
N80 M99；

任务测评

1. 知识测评

确定本任务的关键词,按重要程度进行关键词排序并举例解读。

根据自己对重要信息捕捉、排序、表达、创新和划分权重的能力进行自评,满分为100分,见表9-12。

表9-12 编制凹模板加工程序知识测评表

序号	关键词	举例解读	自评评分
1			
2			
3			
4			
5			
总分			

2. 能力测评

对表9-13所列作业内容进行测评,操作规范即得分,操作错误或未操作得零分。

表9-13 编制凹模板加工程序能力测评表

序号	能力点	配分	得分
1	编制底面轮廓的加工程序	50	
2	编制顶面轮廓的加工程序	50	
总分		100	

3. 素养测评

对表9-14所列素养点进行测评,做到即得分,未做到得零分。

表9-14 编制凹模板加工程序素养测评表

序号	素养点	配分	得分
1	学习纪律	20	
2	工具使用、摆放	20	
3	态度严谨认真、一丝不苟	20	
4	互相帮助、团队合作	20	
5	学习环境"7S"管理	20	
总分		100	

4. 拓展训练

1)请列举出在编制凹模板加工程序过程中易出现的问题,分析产生问题的原因并制定解决方案。

2)请按下列思维导图格式,对编制凹模板加工程序的学习收获进行总结。

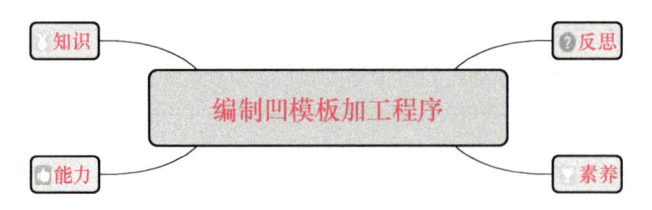

任务三　加工凹模板

任务实施

步骤一：准备工作

仔细检查工、量具以及机床的准备情况，填写表 9-15 和表 9-16。

表 9-15　工、量具的准备

检查内容	工具	刀具	量具	毛坯
检查情况				

注：经检查后该项完好，在相应项目下打"√"；若出现问题应及时调整。

表 9-16　机床的准备

检查部分	机械部分			数控系统部分			辅助部分		
	主轴	工作台	防护门	操作面板	系统面板	驱动系统	冷却、润滑装置	气动装置	夹具
检查情况									

步骤二：加工操作过程

按照表 9-17 所列的操作步骤，操作数控铣床，完成凹模板的加工。

表 9-17　凹模板加工操作过程

加工零件	凹模板	设备编号	X01
		设备名称	数控铣床
		操作员	
操作项目	操作步骤	操作要点	
开始	1）装夹工件 2）装夹铣刀	工件表面伸出长度应合适并夹牢，安装刀具要注意伸出长度	
离心法对刀	用离心式寻边器对刀	对刀完毕，检查是否准确	
输入程序	在编辑方式下，完成程序的输入	注意程序代码、指令格式，输好后对照原程序检查一遍	

相关知识

9-3　二维型腔加工的一般过程

1. 型腔的切削步骤

第一步：型腔内部去余量（粗加工阶段）。

第二步：型腔轮廓粗加工（粗加工阶段）。

第三步：型腔轮廓精加工（精加工阶段）。

既要保证型腔轮廓边界，又要将型腔轮廓内的多余材料全部铣掉，做到不留死角，不伤轮廓，减少重复走刀的搭接量，同时保证尽可能高的加工效率。

2. 走刀路线的选择

1）粗加工阶段：走刀路线是从型腔轮廓线向里偏置铣刀半径 R 并留出粗加工余量 y。采用面铣刀，用环切法或行切法铣去型腔多余材料。型腔较深时，分层加工。

2）精加工阶段：沿型腔底面和轮廓走刀，精铣型腔底面和外形。

9-4　二维型腔加工容易出现的问题

（1）刀具参数不合理　加工型腔时选用的刀具半径大于等于型腔内圆角，会出现少切和圆角处过渡不光滑现象，有振纹。解决办法：选择合适的刀具直径，刀具半径小于型腔最小内圆角半径。

（2）切削用量不合理　例如，粗加工去余量时选用的下刀深度超过刀具直径，切削宽度大于 0.8 倍刀具直径或者满刀切削，容易产生较大的切削力，缩短刀具寿命，影响加工表面质量。解决办法：合理规划刀具走刀路线，深度方向采取分层方式，使切削宽度小于 0.8 倍刀具直径。

（3）下刀方式和走刀路线不合理　立铣刀下切削刃没有过中心，铣削过程中未钻工艺孔，垂直下刀，容易产生刀具缩刀，使切削深度变浅，不易控制深度尺寸，同时也容易造成刀具崩刃；精铣时没有从切线方向进入内壁轮廓，容易产生内壁明显的接刀痕迹，影响表面粗糙度。解决办法：对下刀方式，优先采用斜坡方式，在下刀位置局促的地方采用螺旋方式下

(续)

操作项目	操作步骤	操作要点
空运行检查	将 EXT 坐标系中的 Z 设置为 100，Z 轴会正向抬高 100mm，在自动方式下用 MST 辅助功能将机床锁住，打开空运行，调出图形窗口，设置好图形参数，开始执行空运行检查	检查刀路轨迹与编程轮廓是否一致，如有问题，回到上一步骤，检查、修改程序，结束空运行后，注意回到机床初始坐标状态
单段试运行	自动加工开始前，先按下"单段方式"键，然后按下"循环启动"按钮	单段循环开始时进给倍率由低到高，运行中主要检查铣刀运行轨迹是否正确
自动连续加工	关闭"单段循环"功能，执行连续加工	注意监控程序的运行。发现加工异常，按"进给保持"键。处理好后，恢复加工
卸下工件，整理机床	加工结束，卸下工件，使用修边器修整工件上的毛刺	修整毛刺时注意安全，避免划伤手指

刀，或采用预钻下刀工艺孔的方法。走刀路线尽可能选择在轮廓上有相交基点处切入、切出。若无合适的基点，可以选择 1/4 圆弧切入切出的方法。

任务测评

1. 知识测评

确定本任务的关键词，按重要程度进行关键词排序并举例解读。

根据自己对重要信息捕捉、排序、表达、创新和划分权重的能力进行自评，满分为100分，见表9-18。

表9-18 加工凹模板知识测评表

序号	关键词	举例解读	自评评分
1			
2			
3			
4			
5			
总分			

2. 能力测评

对表9-19所列作业内容进行测评，操作规范即得分，操作错误或未操作得零分。

表9-19 加工凹模板能力测评表

序号	能力点	配分	得分
1	准备工作	30	
2	加工操作过程	70	
总分		100	

3. 素养测评

对表9-20所列素养点进行测评，做到即得分，未做到得零分。

表9-20 加工凹模板素养测评表

序号	素养点	配分	得分
1	学习纪律	20	
2	工具使用、摆放	20	
3	态度严谨认真、一丝不苟	20	
4	互相帮助、团队合作	20	
5	学习环境"7S"管理	20	
总分		100	

4. 拓展训练

1）请列举出在加工凹模板过程中易出现的问题，分析产生问题的原因并制定解决方案。

2）请按下列思维导图格式，对加工凹模板的学习收获进行总结。

```
        知识              反思
            \           /
             加工凹模板
            /           \
        能力              素养
```

任务四　检测凹模板

任务实施

步骤一：检测准备工作

仔细校验所需量具，填写表9-21。

表9-21　量具校验

检查内容	0～150mm 游标卡尺	0～25mm 千分尺	75～100mm 千分尺	5～30mm 内测千分尺	0～200mm 游标深度卡尺
检查情况					

注：经检查后该项完好，在相应项目下打"√"；若出现问题应及时调整。

步骤二：检测凹模板

检测凹模板尺寸，填写表9-22。

表9-22　凹模板加工质量评分表

序号	项目	内容	配分	评分标准	检测结果	得分
1	正方形外形	98±0.03mm（2处）	6×2	超差0.02mm以内扣分值一半，超差0.02mm以上不得分，自由公差超差不得分		
2	正方形凸台	90$_{-0.05}^{0}$mm（2处）	6×2			
3	矩形型腔	56$_{0}^{+0.08}$mm	6			
4		60$_{0}^{+0.08}$mm	6			
5		16mm、R8mm	4			
6	底面环形凹槽	48$_{0}^{+0.06}$mm	6			
7		24$_{-0.06}^{0}$mm	6			
8		R12mm、R24mm	4			
9	孔系	2×φ10	6			
10		22$_{0}^{+0.1}$mm	4			
11	深度	8$_{0}^{+0.04}$mm	4			
12		6$_{0}^{+0.04}$mm	4			
13		6mm	2			
14		总厚22mm	6			

相关知识

9-5　内测千分尺的结构

如图9-9所示，内测千分尺是一种将回转运动变为直线运动的量具，主要用来测量内尺寸，如内径、内槽宽等。

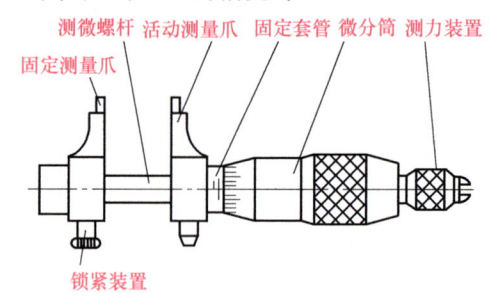

图9-9　内径千分尺的结构

（标注：测微螺杆、活动测量爪、固定套管、微分筒、测力装置、固定测量爪、锁紧装置）

9-6　内测千分尺的使用方法

1）使用前检查千分尺零位是否对准。首先将内测千分尺测量面和光滑环规用棉布擦拭干净，再将校对环规放在测量爪上，缓慢、匀速地旋转测力装置，使测量面相互接触，检查固定套筒和微分筒上的零点刻度是否重合。若不重合，调整零位。

2）测量时使固定测量爪先接触工件的一个内测量面，然后匀速、缓慢地转动微分筒，在活动测量爪快靠近被测量面时，应使用测力装置缓慢旋转测量，避免产生过大的压力，这样既可使测量结果精确，又能保护内测千分尺的测量面。在旋转时听见2～3声"哗哗"声，即可读数。

3）固定套管上的刻线尺寸与外径千分尺相反，测量方向和读数方向也与外径千分尺相反，使用时要注意。

4）读数时（见图9-10），视线应尽量垂直于要读取的刻度格平面，以减少读数误差；测量结果整毫米数由固定套管上读出，小数部分则由微分筒上读出，千分位有一位估读数字，即使固定刻度的零点正好与可动刻度的某一刻线对齐，千分位上也应读取"0"。

(续)

序号	项目	内容	配分	评分标准	检测结果	得分
15	圆角	R5mm、R10mm	8	超差不得分		
16						
17	表面粗糙度	Ra3.2μm	6	超差一处扣1分		
18	其他	去毛刺	4	超差1处扣1分		
	综合得分			100		

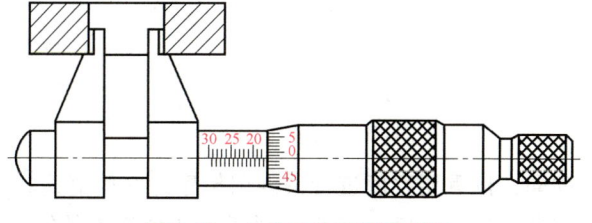

图 9-10 内径千分尺测量读数

内径千分尺

9-7　内测千分尺使用注意事项

1）内测千分尺是一种精密量具，使用时应轻拿轻放。

2）严禁用内测千分尺测量运转的或高温工件。

3）内测千分尺用毕后，应用纱布擦干净，放入盒中。

4）长期不用时，可抹上黄油或机油，放置于干燥的地方。

任务测评

1. 知识测评

确定本任务的关键词,按重要程度进行关键词排序并举例解读。

根据自己对重要信息捕捉、排序、表达、创新和划分权重的能力进行自评,满分为 100 分,见表 9-23。

表 9-23　检测凹模板知识测评表

序号	关键词	举例解读	自评评分
1			
2			
3			
4			
5			
总分			

2. 能力测评

对表 9-24 所列作业内容进行测评,操作规范即得分,操作错误或未操作得零分。

表 9-24　检测凹模板能力测评表

序号	能力点	配分	得分
1	检测准备工作	30	
2	检测凹模板	70	
总分		100	

3. 素养测评

对表 9-25 所列素养点进行测评,做到即得分,未做到得零分。

表 9-25　检测凹模板素养测评表

序号	素养点	配分	得分
1	设备及工、量具检查	25	
2	加工安全防护	25	
3	量具清洁校准	25	
4	工位摆放"5S"管理	25	
总分		100	

4. 拓展训练

1) 请列举出在检测凹模板过程中易出现的问题,分析产生问题的原因并制定解决方案。

2) 请按下列思维导图格式,对检测凹模板的学习收获进行总结。

学习成果

一、成果描述

根据以上所学知识技能,分析图 9-11 所示双面凹模板的数控铣加工工艺,并完成零件加工与检测。

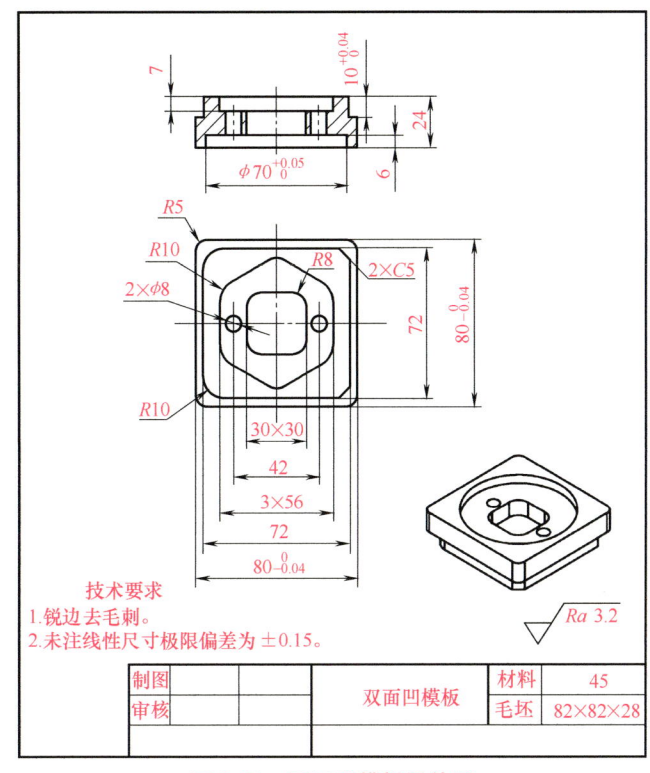

图 9-11 双面凹模板零件图

二、实施准备

(一)学生准备

学生在按照教学进度计划,已经完成了以下学习任务并达到了 75 分以上后,可进行该学习成果的实施。

1)理解并完成学习成果需要的相关知识和方法的学习,得分>75 分。
2)运用学习成果需要的相关知识和方法进行作业,得分>75 分。
3)按时、按质、按量完成相应作业,得分>80 分。
4)具有自觉遵守技术标准的要求和规定、规范操作、安全、环保、"7S"作业、团结协作的好习惯,得分>80 分。
5)能制订双面凹模板加工工艺并进行加工。

(二)教师准备

1)在安排学生实施学习成果前,通过课堂问题研讨、作业、实训和考核及其他方式,确认学生已经具备了实施学习成果所需的知识、技能和素养,并确保学生独立进行操作。
2)对学生自评、小组互评、教师评价进行测评方法培训,明确评价的意义和重要性,确保测评结果的准确性和公平性。
3)准备好测评记录。

三、考核方法与标准

1)评价监管:组长监控小组成员自评结果,教师监控小组互评结果,教师最终评价。
2)详细记录学生在实施学习成果过程中的方法步骤、完成时间以及出现错误等情况,要求在 150min 内完成。
3)考核内容及标准见表 9-26。

表 9-26 考核内容及标准

序号	项目	内容	配分	评分标准	检测结果	得分
1	外轮廓	$80_{-0.04}^{0}$mm(2 处)	16	超差 0.01mm 扣 1 分,扣完为止		
2	外轮廓	72mm(2 处)	8			
3	六角型腔	3×56mm	12			
4	方孔	30mm×30mm	8			
5	内圆轮廓	$\phi 70_{0}^{+0.05}$mm	8			
6	厚度、深度	总厚 24mm	6			
7	厚度、深度	7mm	4			
8	厚度、深度	6mm	4			
9	厚度、深度	$10_{0}^{+0.04}$mm	6			
10	外圆角、倒角	R5mm、R10mm、2×C5	8			
11	内圆角	R10mm、R8mm	10	超差不得分		
12	表面粗糙度	Ra3.2μm	6	超差 1 处扣 1 分		
13	其他	锐边去毛刺	4	超差不得分		
综合得分			100			

拓展阅读：工匠精神的内涵及时代意义

在《现代汉语词典》中，工匠的解释是"手艺工人"。传统意义上的工匠可理解为"手艺人"，即具有专门技艺特长的手工业劳动者。《韩非子·定法》中说："夫匠者，手巧也。"可见手艺精巧是工匠的基本特征之一。现在对工匠的理解除了手艺人之外，还包括技术工人或普通熟练工人。一般认为，工匠精神包括高超的技艺和精湛的技能，严谨细致、专注负责的工作态度，精雕细琢、精益求精的工作理念，以及对职业的认同感、责任感。在工业化信息化时代，为什么要提倡工匠精神呢？第一，提倡工匠精神是促进我国制造业转型升级的需要。"十三五"时期，我们仍然面临着经济发展方式转型和产业结构升级的重大任务，而要完成这一任务，实现由制造大国到制造强国的转变，实现由中国制造到中国创造的跨越，离不开对工匠精神的继承和发扬。第二，提倡工匠精神，是实施"一带一路"战略，推动中国制造走出去的需要。当前，在中国制造走出去的过程中，迫切需要提高产品质量。因此，要在竞争中取胜，关键在于提高中国制造的产品质量。只有充分发扬工匠精神，培养大批高素质的大国工匠，才能打造高质量的产品，提高企业的核心竞争力，推动中国制造变优变强。

项目十 六角套筒的数控车铣复合加工

项目描述

依据数控车工、铣工国家职业标准相关规定制订如图 10-1 所示六角套筒的加工工艺，编制加工程序，加工出合格的工件，并进行检测。

项目要求

1）制订六角套筒车铣复合件的数控车铣加工工艺。
2）编制六角套筒的数控车铣加工程序。
3）按图样要求加工合格的六角套筒。
4）制定测量方案，完成六角套筒加工质量的检测。

学习目标

1）能按照数控车工、铣工国家职业标准的要求，制订六角套筒的加工工艺。
2）能为六角套筒的加工操作选择合适的夹具、刀具、量具。
3）能为加工六角套筒编写正确的数控车铣加工程序。
4）能正确操作数控车床、数控铣床加工出合格的六角套筒。
5）会严格遵守数控车工、数控铣工的操作规程，并能自觉执行车间的"7S"规范，养成精益求精的职业素养。
6）培养敬业奉献、服务人民的意识。

学习载体

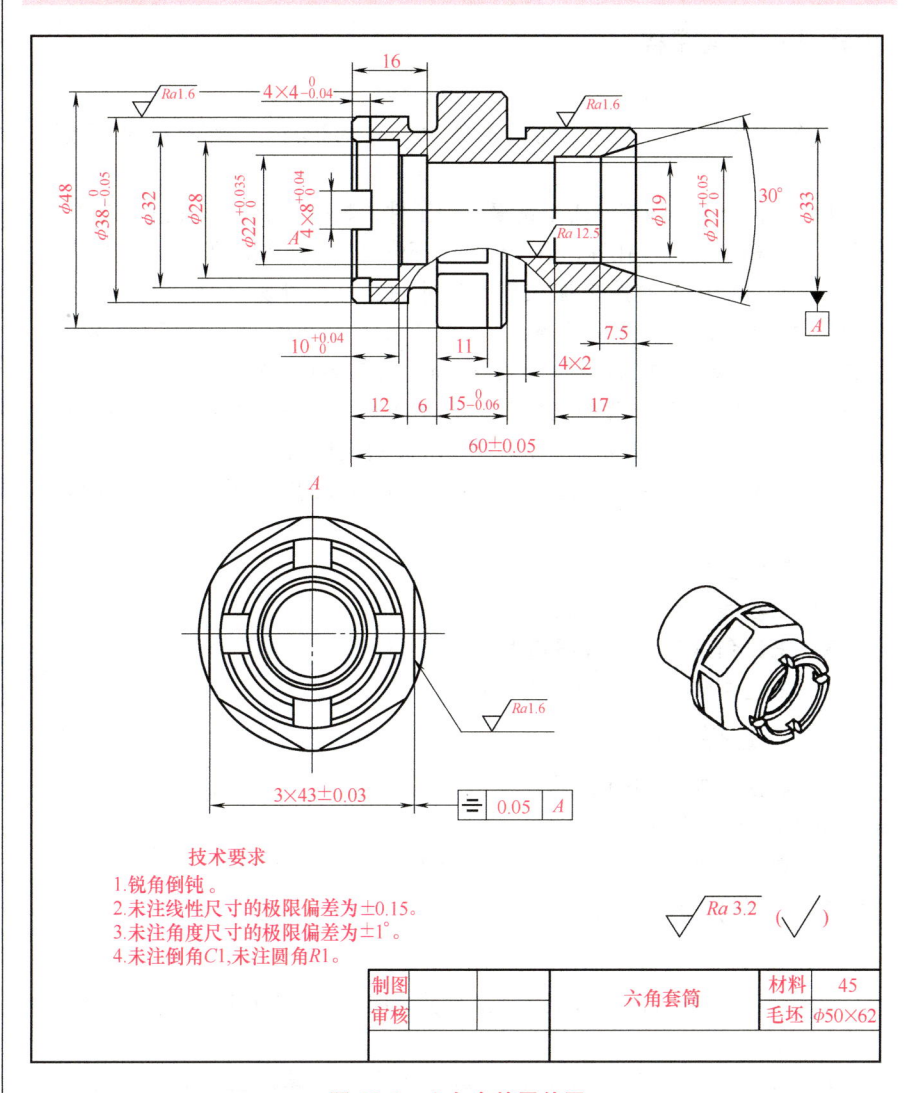

图 10-1 六角套筒零件图

任务一　制订六角套筒加工工艺

任　务　实　施

步骤一：识读图样

1. 标题栏

如图 10-1 所示，工件毛坯尺寸为 φ50mm×62mm，毛坯材料为 45 钢。

2. 分析形状和尺寸

1) 形状分析。该零件为车铣复合加工件，数控车加工部分包括通孔、外圆台阶、外槽、内台阶孔等，数控铣加工部位有正六边形轮廓、十字缺口槽。

2) 尺寸分析。数控车加工部分尺寸为：最大外圆尺寸 φ48mm，最小外圆尺寸 φ33mm，工件总长 60mm，外槽尺寸 4mm×2mm 和 φ32mm×6mm，内孔底孔 φ19mm，左端台阶孔 φ28mm 和 φ22mm，右端锥孔的左端底孔 φ22mm，锥度角 30°；数控铣加工部分尺寸为：3 处对边 43±0.03mm 的六边形尺寸，工件左端 4 处宽 8mm、深 4mm 的缺口尺寸。

3) 六边形对边中心平面相对 φ33mm 中心线的对称度公差为 0.05mm。

3. 技术要求

1) 锐角倒钝。
2) 未注线性尺寸的极限偏差为 ±0.15mm。
3) 未注角度尺寸的极限偏差为 ±1°。
4) 未注倒角 C1，未注圆角 R1。

步骤二：选择刀具

1) 数控车加工刀具：端面车刀、外圆车刀、车槽刀、φ19mm 钻头、φ16mm 内孔车刀各 1 把。

2) 数控铣加工刀具：φ10mm 铣刀 1 把、φ6mm 铣刀 1 把。

步骤三：确定装夹方案

1. 夹具选择

数控车加工选择自定心卡盘装夹，数控铣加工选择加工中心用自定心卡盘。

2. 数车加工装夹顺序

1) 第一次装夹使用自定心卡盘，夹毛坯一端，工件伸出长度 46 ~ 48mm，加工工件右端外圆、外沟槽、内孔等。

相　关　知　识

10-1　车铣复合件的加工工艺要点

1. 车铣复合件加工工艺的安排思路

车铣复合件的加工需要在数控车床和数控铣床上分别进行加工，加工工序较一般的数车件和数铣件多，安排工序时需要考虑的因素也较多，如加工要求、加工批量、毛坯形式等，需根据实际情况合理安排。

1) 根据毛坯初始状态选择，毛坯为棒料形式，通常先车后铣，毛坯是方料或者不规则形状材料，一般先铣后车。

2) 根据车铣加工内容的多少安排工序，以回转表面轮廓为主的工件，可以先车后铣。

2. 车铣工艺衔接需要注意的问题

1) 工序衔接需要考虑先行工序完成后，后面工序的装夹、测量、加工等问题。

2) 加工过程中需遵循工序集中、先粗后精、先主后次、基准先行的原则。

3) 车铣工艺衔接过程中需要注意，铣削加工后需要在工件上铣出圆台，作为工艺凸台，以便后续数车工序的装夹。

4) 各工序加工过程中，应尽量让各工序基准统一，以保证工件的相对位置精度要求。

[实例应用]：本项目中，数控车加工的基准是右端 φ33mm 外圆，数控铣加工的基准也是此外圆，工序基准的选择符合基准统一的原则，更易于保证加工时的相对位置要求。

10-2　数控铣床加工圆料的装夹方案

在数控铣床上装夹圆料，通常采取以下 3 种方式。

1. 机用平口钳+V 形块组合装夹

如图 10-2 所示，这种装夹方式适用于单件小批量生产，适用装夹的直径范围较小，缺点是夹紧力不大，每次装夹都需要进行工件找正。

2）第二次装夹，工件调头，用自定心卡盘装夹已经加工好的 φ33mm 外圆，加工工件左端外圆、槽、内孔等。

3. 数控加工装夹顺序

第三次装夹采用加工中心专用自定心卡盘，装夹工件右端 φ33mm 外圆，加工工件左端外六角轮廓和十字缺口槽。

步骤四：制订加工工艺

1. 拟订数控加工工艺过程卡（见表 10-1）

表 10-1 六角套筒数控加工工艺过程卡

数控加工工艺过程卡		零件名称		六角套筒	图号	
		毛坯尺寸		φ50mm×62mm	毛坯材料	45 钢
序号	工序名称	工步号及工步内容（数控程序号）	工艺装备		工艺简图及程序编号（描粗线为本工序加工部位）	
			夹具	刀具		
1	车工件右端外形和内孔	夹持工件，钻中心孔，钻 φ19mm 通孔（手动）	车床、自定心卡盘	中心钻、麻花钻		
		粗、精车内孔 φ22$_{0}^{+0.05}$mm 及 30° 内锥面（O1001）	车床、自定心卡盘	内孔车刀		
		粗、精车外圆 φ33mm、φ48mm，（O1001）	车床、自定心卡盘	外圆车刀		
		车外槽 4mm×2mm（O1001）	车床、自定心卡盘	车槽刀		
2	车工件左端外形和内孔	调头夹持右端 φ33mm 外圆，找正平行度，平端面，保证总长 60mm（手动）	车床、自定心卡盘	端面车刀		
		粗、精车 φ38mm、φ48mm 及左端面（O1002）	车床、自定心卡盘	外圆车刀		
		粗、精车左端台阶孔 φ28mm、φ22mm（O1002）	车床、自定心卡盘	内孔车刀		
		车 φ32mm×6mm 槽（O0002）	车床、自定心卡盘	车槽刀		

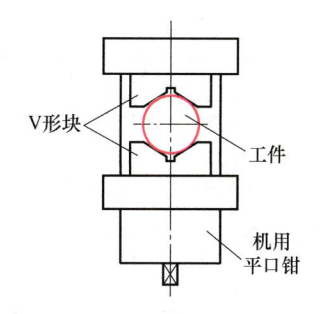

图 10-2 机用平口钳+V 形块夹持圆料

2. 软钳口装夹

如图 10-3 所示，使用软钳口（材料为低碳钢、黄铜、硬铝等），用数控铣床在两个软钳口上加工出与被夹持工件直径相等的圆弧面，通过圆弧面夹住工件。其优点是夹持可靠，位置固定，可直接找正，适用于一定批量工件的加工；缺点是夹持直径发生变化时，需要重新铣制软钳口。

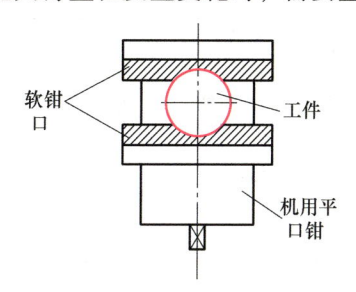

图 10-3 软钳口夹持圆料

3. 数控铣床专用自定心卡盘装夹

如图 10-4 所示，用自定心卡盘装夹工件，夹持范围大，找正方便，夹持牢靠。本项目选择此装夹方式。

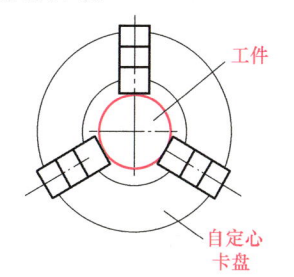

数控铣床上自定心卡盘装夹与找正

图 10-4 数控铣床专用自定心卡盘夹持圆料

（续）

序号	工序名称	工步号及工步内容（数控程序号）	工艺装备 夹具	工艺装备 刀具	工艺简图及程序编号（描粗线为本工序加工部位）
3	铣六边形和十字缺口槽	夹持工件右端 $\phi 33mm$ 外圆，找正工件平面和中心	铣床、自定心卡盘	百分表	$4\times 8^{+0.04}_{0}$，11
		粗、精铣六边形轮廓，保证尺寸 $43\pm 0.03mm$（O0003）	铣床、自定心卡盘	$\phi 10mm$ 铣刀	
		粗、精铣十字缺口槽，保证槽宽 8mm、槽深 4mm	铣床、自定心卡盘	$\phi 6mm$ 铣刀	
		手工去除工件毛刺，清洗工件（O0003）	铣床、自定心卡盘	修边器	

2. 确定刀具调整卡（见表10-2）

表10-2 六角套筒加工刀具调整卡

刀号	刀具名称及规格	加工部位	刀具参数	刀补地址	刀具简图
1	$\phi 19mm$ 钻头	$\phi 19mm$ 通孔	HSS 麻花钻	无	略
2	内孔车刀	工件两端内孔	$\phi 16mm$、$R0.4mm$	T0202	
3	外圆车刀	工件外圆及端面	$R0.4mm$	T0101	
4	车槽刀	外槽	刀宽 4mm	T0303	
5	$\phi 6mm$ 铣刀	铣4个开口槽	2 刃		
6	$\phi 10mm$ 铣刀	铣外六边形	4 刃立铣刀		

任务测评

1. 知识测评

确定本任务的关键词,按重要程度进行关键词排序并举例解读。

根据自己对重要信息捕捉、排序、表达、创新和划分权重的能力进行自评,满分为100分,见表10-3。

表10-3 制订六角套筒加工工艺知识测评表

序号	关键词	举例解读	自评评分
1			
2			
3			
4			
总分			

2. 能力测评

对表10-4所列作业内容进行测评,操作规范即得分,操作错误或未操作得零分。

表10-4 制订六角套筒加工工艺能力测评表

序号	能力点	配分	得分
1	识读图样	15	
2	选择刀具	15	
3	确定装夹方案	20	
4	制订加工工艺	50	
总分		100	

3. 素养测评

对表10-5所列素养点进行测评,做到即得分,未做到得零分。

表10-5 制订六角套筒加工工艺素养测评表

序号	素养点	配分	得分
1	学习纪律	20	
2	工具使用、摆放	20	
3	态度严谨认真、一丝不苟	20	
4	互相帮助、团队合作	20	
5	学习环境"7S"管理	20	
总分		100	

4. 拓展训练

1)请列举出在制订六角套筒加工工艺过程中易出现的问题,分析产生问题的原因并制定解决方案。

2)请按下列思维导图格式,对制订六角套筒加工工艺的学习收获进行总结。

任务二　编制六角套筒加工程序

任务实施

一、编制右端外形和内孔的加工程序

步骤一：确定基点坐标

1）确定右端外形轮廓和内孔的各基点。

在表10-6中标出轮廓上的各几何基点，将坐标填入表中。

表10-6　轮廓基点坐标

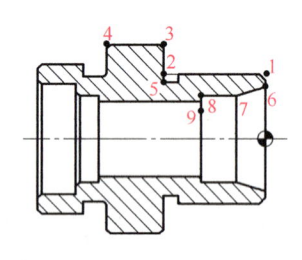

基点	X坐标	Z坐标	其他点坐标
1			
2			
3			
4			循环起点 P( )
5			切入起点 T( )
6			切出终点 Q( )
7			
8			
9			

2）绘制右端外圆和内孔加工的走刀路线图。

步骤二：编写加工程序

完成右端外形轮廓和内孔加工程序的编写，填写表10-7。

相关知识

10-3　旋转编程指令

1. 指令格式

G68 X__ Y__ R__；

...

G69；

旋转指令 G68

2. 参数说明

1）X、Y：旋转中心的坐标值（可以是X、Y、Z中的任意两个，由当前平面选择指令G17、G18、G19中的一个确定），当X、Y省略时，G68指令认为当前的位置即为旋转中心。

2）R：旋转角度，逆时针方向旋转定义为正方向，顺时针方向旋转定义为负方向。

当以绝对方式编程时，G68程序段后的第一个程序段必须使用绝对方式移动指令，才能确定旋转中心。如果为增量方式移动指令，那么系统将以当前位置作为旋转中心，按G68给定的角度旋转坐标。以图10-5为例，应用旋转指令编程的程序如下：

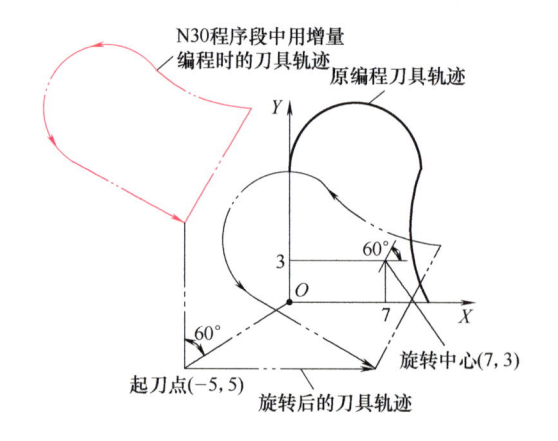

图10-5　旋转指令编程实例

表 10-7　右端外形轮廓和内孔加工参考程序

程序号 O1001（加工工件右端外圆、外槽和内孔，使用 1 号刀外圆车刀、2 号刀车槽刀、3 号刀内孔车刀）

程序段号	程序内容	程序段号	程序内容
N10		N100	
N20		N110	
N30		N120	
N40		N130	
N50		N140	
N60		N150	
N70		N160	
N80		N170	
N90		N180	

二、编制左端外形和内孔的加工程序

步骤一：确定走刀路线

1）确定工件左端外形和内孔的基点坐标。

在表 10-8 中标出轮廓上的各几何基点，将坐标填入表中。

表 10-8　轮廓编程基点

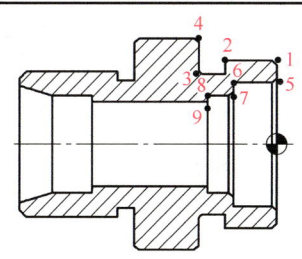

基点	X 坐标	Z 坐标	其他点坐标
1			
2			
3			
4			循环起点 P（ ）
5			切入起点 T（ ）
6			切出终点 Q（ ）
7			
8			
9			

N10 G92 X−5 Y−5；　　　/建立上图所示的加工坐标系
N20 G68 G90 X7 Y3 R60；　/开始以点（7，3）为旋转中心，逆时针方向旋转 60°
N30 G90 G01 X0 Y0 F200；　/按原加工坐标系描述运动，到达（0，0）点（G91 X5 X5；）

若按括号内的程序段运行，将以（−5，−5）的当前点为旋转中心旋转 60°

N40 G91 X10；　　　　　　/X 向进给到（10，0）
N50 G02 Y10 R10；　　　　/顺圆进给
N60 G03 X−10 I−5 J−5；　/逆圆进给
N70 G01 Y−10；　　　　　/回到（0，0）点
N80 G69 G90 X−5 Y−5；　/撤销旋转功能，回到（−5，−5）点
N90 M02；　　　　　　　　/结束

10-4　极坐标编程指令

1. 指令格式

G16　X＿＿　Y＿＿；/开始极坐标指令（极坐标方式）
G15；/取消极坐标指令（取消极坐标方式）

2. 参数说明

G16 为极坐标指令；G15 为取消极坐标指令；X＿＿　Y＿＿为指定极坐标系选择平面的轴及其值，X＿＿为极坐标半径，Y＿＿为极角。

3. 指令功能

在数控机床与加工中心的编程中，为简化编程，除常用固定程序循环指令外，还采用一些特殊的功能指令。通常情况下，沿圆周分布孔的零件（如法兰盘）及图样尺寸以半径与角度形式标注的零件（如正多边形外形铣），采用极坐标编程较为合适。加工中心采用极坐标编程可以大大减少编程时的计算工作量，因此在编程中得到广泛应用。

4. 注意事项

1）坐标值可以用极坐标（半径和角度）输入。角度的正向是所选平面的第 1 轴正向的逆时针转向，负向是顺时针转向。

2）半径和角度可以用绝对值指令或增量值指令（G90/G91）。

3）设定工件坐标系原点作为极坐标系的原点，用绝对值编程指令指

2）绘制轮廓加工走刀路线图。

步骤二：编制加工程序

完成左端外形和内孔加工程序的编写，填表10-9。

表10-9 左端外形和内孔加工程序

程序段号	程序内容	程序段号	程序内容
N10		N100	
N20		N110	
N30		N120	
N40		N130	
N50		N140	
N60		N150	
N70		N160	
N80		N170	
N90		N180	

程序号 O1002（加工工件左端外圆、外槽和内孔，使用1号刀外圆车刀、2号刀车槽刀、3号刀内孔车刀）

三、编制六边形轮廓和十字缺口槽的加工程序

步骤一：确定走刀路线

在表10-10中标出轮廓上的各几何基点，将坐标填入表中。

表10-10 轮廓编程基点

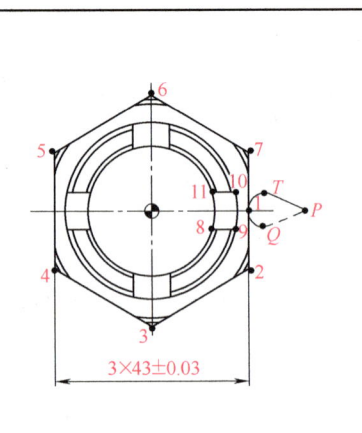

基点	X 坐标	Z 坐标
1		
2		
3		
4		
5		
6		
7		
8		
9		
10		
11		

定半径（原点和编程点之间的距离）。如图10-6所示，将工件坐标系原点设定为极坐标系的原点。当使用局部坐标系（G52）时，局部坐标系的原点变成极坐标的中心。

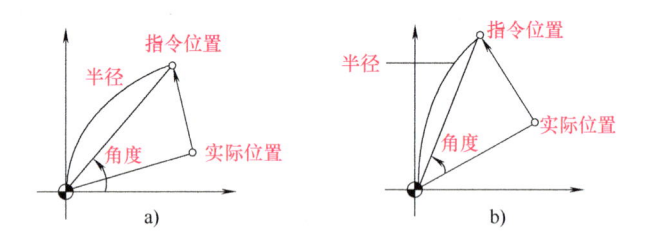

图10-6 将工件坐标系原点设定为极坐标的原点

4）设定当前位置作为极坐标系的原点，用增量值编程指令指定半径（当前位置和编程点之间的距离）。如图10-7所示图形，采用绝对坐标编程，程序如下：

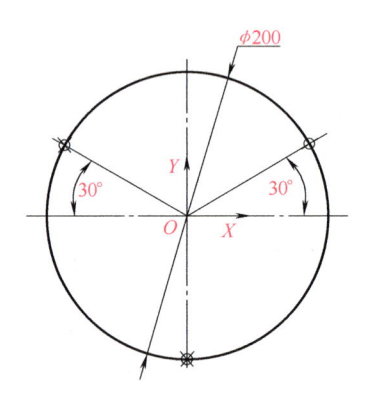

图10-7 极坐标编程实例

N10 G17 G90 G16；
N20 G81 X100 Y30 Z-20 R-5 F200；
N30 Y150；
N40 Y270；
N50 G15 G80；
采用增量坐标编程，程序如下：
N10 G17 G90 G16；

（续）

其他点坐标
下刀点 P（　　　）
切入起点 T（　　　）
切出终点 Q（　　　）

步骤二：编制加工程序

完成六边形和十字缺口槽加工程序的编写，填写表 10-11。

表 10-11 六边形和十字缺口槽加工程序

程序号 O1003（铣外六边形和十字缺口槽）

程序段号	程序内容	程序段号	程序内容
N10		N100	
N20		N110	
N30		N120	
N40		N130	
N50		N140	
N60		N150	
N70		N160	
N80		N170	
N90		N180	

N20 G81 X100 Y30 Z-20 R-5 F200;
N30 G91 Y120;
N40 Y120;
N50 G15 G80;

任务测评

1. 知识测评

确定本任务的关键词，按重要程度进行关键词排序并举例解读。

根据自己对重要信息捕捉、排序、表达、创新和划分权重的能力进行自评，满分为100分，见表10-12。

表10-12　编制六角套筒加工程序知识测评表

序号	关键词	举例解读	自评评分
1			
2			
3			
4			
总分			

2. 能力测评

对表10-13所列作业内容进行测评，操作规范即得分，操作错误或未操作得零分。

表10-13　编制六角套筒加工程序能力测评表

序号	能力点	配分	得分
1	编制右端外形和内孔的加工程序	30	
2	编制左端外形和内孔的加工程序	30	
3	编制六边形轮廓和十字缺口槽的加工程序	40	
总分		100	

3. 素养测评

对表10-14所列素养点进行测评，做到即得分，未做到得零分。

表10-14　编制六角套筒加工程序素养测评表

序号	素养点	配分	得分
1	学习纪律	20	
2	工具使用、摆放	20	
3	态度严谨认真、一丝不苟	20	
4	互相帮助、团队合作	20	
5	学习环境"7S"管理	20	
总分		100	

4. 拓展训练

1）请列举出在编制六角套筒加工程序过程中易出现的问题，分析产生问题的原因并制定解决方案。

2）请按下列思维导图格式，对编制六角套筒加工程序的学习收获进行总结。

任务三 加工六角套筒

任务实施

步骤一：加工准备工作

仔细检查工、量具以及机床的准备情况，填写表10-15和表10-16。

表10-15 工、量具的准备

检查内容	工具	刀具	量具	毛坯
检查情况				

注：经检查后该项完好，在相应项目下打"√"；若出现问题应及时调整。

表10-16 机床的准备

检查部分	机械部分			数控系统部分			辅助部分		
	主轴	工作台	防护门	操作面板	系统面板	驱动系统	冷却、润滑装置	气动装置	夹具
检查情况									

步骤二：加工操作过程

按照表10-17、表10-18所列的操作步骤，操作数控机床，完成六角套筒的加工。

表10-17 六角套筒数控车床加工操作过程

加工零件	六角套筒	设备编号	F01
		设备名称	数控车床
		操作员	
操作项目	操作步骤	操作要点	
开始	1)装夹工件 2)装夹刀具	工件伸出长度应合适，刀具安装角度应准确	
对刀试切	采用试切法对刀	用MDI方式执行刀补，可通过检查刀尖位置与坐标显示是否一致检查刀补的正确性	

相关知识

10-5 在数控铣床上加工圆形工件的中心找正操作

1. 圆中心粗找正

当加工中心位置要求不高或加工毛坯外圆时，可以采用寻边器对中的方法找正圆中心 X、Y 坐标，如图10-8所示，其同轴度误差小于0.1mm。操作步骤如下：

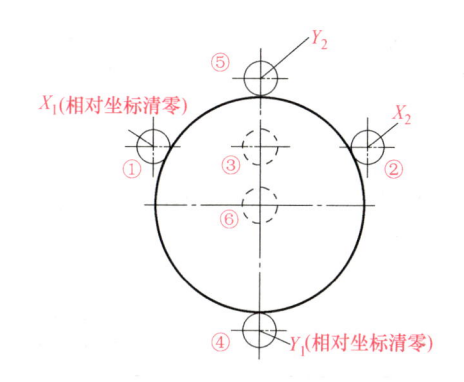

图10-8 用寻边器找正操作示意图

1) 找工件左侧位置，如图10-8中位置①，即为 X_1 坐标，在相对坐标方式下，将 X_1 坐标值清零。

2) 操作机床，让寻边器沿 X 正向移动到外圆另一侧，即图10-8中位置②，并找到右侧位置 X_2 坐标。

3) 移动寻边器到 X 方向中心位置，移动距离 $X=(X_2-X_1)/2=X_2/2$，移动到图10-8中位置③。

4) 保持 X 方向不动，只移动 Y 轴，将寻边器移动到图10-8中位置④，找到 Y_1 坐标，将其相对坐标清零。

5) 让寻边器沿 Y 正向移动到外圆另一侧，即图10-8中位置⑤，并找到右侧位置 Y_2 坐标。

(续)

操作项目	操作步骤	操作要点
输入、编辑程序	编辑方式下,完成程序的输入	注意程序代码、指令格式,输好后对照原程序检查一遍
空运行检查	将各车刀的 Z 轴磨耗参数设置为"100",刀具沿 Z 轴正向平移 100mm,在自动方式下用 MST 辅助功能将机床锁住,打开空运行,调出图形窗口,设置好图形参数,开始执行空运行检查	检查刀路轨迹与编程轮廓是否一致,结束空运行后,注意回复机床初始坐标状态
单段试运行	自动加工开始前,先按下"单段循环"键,然后按下"循环启动"按钮	单段循环开始时,进给及快速倍率由低到高,运行中主要检查车刀运行轨迹是否正确
自动连续加工	关闭"单段循环"功能,执行连续加工	注意监控程序的运行。如发现加工异常,按进给保持键。处理好后,恢复加工
刀具补偿调整尺寸	粗车后,加工暂停,根据实测工件尺寸,进行刀补的修正	实测工件尺寸,如偏大,用负值修正刀偏,反之用正值修正刀偏

表 10-18 六角套筒数控铣加工操作过程

加工零件	六角套筒	设备编号	X01
		设备名称	数控铣床
		操作员	
操作项目	操作步骤	操作要点	
开始	1) 装夹工件 2) 装夹铣刀	工件表面伸出长度应合适并夹牢,安装刀具要注意伸出长度	
离心法对刀	用离心式寻边器对刀	对刀完毕,检查是否准确	
输入程序	在编辑方式下,完成程序的输入	注意程序代码、指令格式,输好后对照原程序检查一遍	

6) 移动寻边器到 Y 方向中心位置,移动距离 $Y = (Y_2 - Y_1)/2 = Y_2/2$,移动到图 10-8 中位置⑥,此时寻边器(主轴中心)与工件外圆中心位置刚好对正。

7) 在坐标系设定画面下,将寻边器当前位置设为坐标系原点。

2. 圆中心精找正

当加工中心位置要求较高或找正已加工光滑外圆时,可以采用打表寻中心的方法精确找正圆中心 X、Y 坐标,其同轴度误差可以控制在 0.03mm 以下。操作步骤如下:

1) 用寻边器进行圆中心粗找正操作。

2) 在 ER 刀柄上安装杠杆百分表,旋转刀柄,使测头轻触工件右边,记下位置 1 的表读数,如图 10-9 所示。

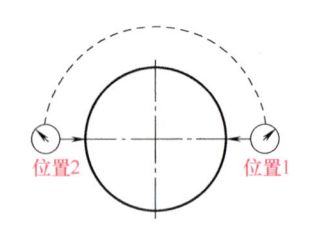

图 10-9 用杠杆百分表找正 X 轴中心示意图

3) 使杠杆表旋转180°,移动到工件 X 向对侧位置 2,记下位置 2 的表读数。

4) 计算主轴 X 轴偏移差值和方向。

差值为位置 2 读数相对位置 1 读数差的绝对值的 1/2。

方向判别:若表针位置相对位置 1 是顺时针变化,则表明主轴相对工件发生右偏,须操作手轮将工件向左(-X 方向)移动"差值",反之将工件右移(+X)。

5) 调整结束,使杠杆百分表反向返回位置 1。若有读数差,按步骤 2)~4) 再次调整,直到达到规定精度。

6) 参照以上步骤,按图 10-10 所示,在 Y 轴方向上找正 Y 轴中心位置。

7) X 轴、Y 轴中心找正后,需要在整周 360°范围内进行校验,百分表表针转动范围需在规定的格数以内(如找正要求 0.04mm,对应表针转过 4

（续）

操作项目	操作步骤	操作要点
空运行检查	将 EXT 坐标系中的 Z 设置为 100，Z 轴会正向抬高 100mm，在自动方式下用 MST 辅助功能将机床锁住，打开空运行，调出图形窗口，设置好图形参数，开始执行空运行检查	检查刀路轨迹与编程轮廓是否一致，如有问题，回到上一步骤，检查、修改程序，结束空运行后，注意回到机床初始坐标状态
单段试运行	自动加工开始前，先按下"单段方式"键，然后按下"循环启动"按钮	单段循环开始时，进给倍率由低到高，运行中主要检查铣刀运行轨迹是否正确
自动连续加工	关闭"单段循环"功能，执行连续加工	注意监控程序的运行。如发现加工异常，按进给保持键。处理好后，恢复加工
卸下工件，整理机床	加工结束，卸下工件，使用修边器修整工件上的毛刺	修整毛刺时注意安全，避免划伤手指

格），如图 10-11 所示。

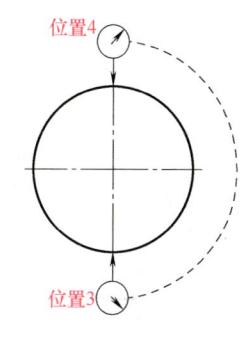

图 10-10　用杠杆百分表找正 Y 轴中心示意图

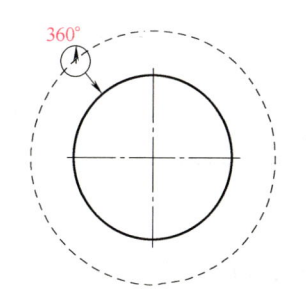

图 10-11　找正后校验示意图

任务测评

1. 知识测评

确定本任务的关键词，按重要程度进行关键词排序并举例解读。

根据自己对重要信息捕捉、排序、表达、创新和划分权重的能力进行自评，满分为100分，见表10-19。

表10-19　加工六角套筒知识测评表

序号	关键词	举例解读	自评评分
1			
2			
3			
4			
总分			

2. 能力测评

对表10-20所列作业内容进行测评，操作规范即得分，操作错误或未操作得零分。

表10-20　加工六角套筒能力测评表

序号	能力点	配分	得分
1	加工准备工作	30	
2	加工操作过程	70	
	总分	100	

3. 素养测评

对表10-21所列素养点进行测评，做到即得分，未做到得零分。

表10-21　加工六角套筒素养测评表

序号	素养点	配分	得分
1	学习纪律	20	
2	工具使用、摆放	20	
3	态度严谨认真、一丝不苟	20	
4	互相帮助、团队合作	20	
5	学习环境"7S"管理	20	
	总分	100	

4. 拓展训练

1）请列举出在加工六角套筒过程中易出现的问题，分析产生问题的原因并制定解决方案。

2）请按下列思维导图格式，对加工六角套筒的学习收获进行总结。

任务四　检测六角套筒

任务实施

步骤一：检测准备工作

仔细校验所需量具，填写表10-22。

表10-22　量具校验

检查内容	0~150mm 游标卡尺	0~25mm 千分尺	75~100mm 千分尺	量块 (83块组)	0~200mm 游标深度卡尺
检查情况					

注：经检查后该项完好，在相应项目下打"√"；若出现问题应及时调整。

步骤二：检测六角套筒

检测六角套筒尺寸，填写表10-23。

表10-23　六角套筒加工质量评分表

序号	项目	内容	配分	评分标准	检测结果	得分
1	外圆	φ48mm	6	超差0.01mm 扣1分		
2		$φ38_{-0.05}^{0}$mm	6			
3		φ33mm	6			
4	内孔	φ28mm、φ19mm	4			
5		$φ22_{0}^{+0.035}$mm	6			
6		$φ22_{0}^{+0.005}$mm	5			
7		锥孔30°角	3			
8	长度	60±0.05mm	8			
9		$15_{-0.06}^{0}$mm	6			
10		$10_{0}^{+0.04}$mm	6			
11	沟槽	12mm、17mm、16mm	3	超差1处 扣1分		
12		4mm×2mm	2	超差不得分		
13		φ32mm×6mm	2	超差不得分		
14	六边形	3×43±0.03mm	6	超差不得分		
15		高度 11mm	4	超差不得分		

相关知识

10-6　量块的使用

1. 量块的组合

1）根据所需要测量的尺寸，从量块盒中挑选出最少块数的量块。

2）测量每一个尺寸所需组合的量块数目不得超过5块，因为量块本身也具有一定程度的误差，量块的块数越多，累积误差越大。

3）尽可能选取较厚的量块。

为了使量块组的块数最少，在组合时就要根据一定的原则来选取量块的尺寸，即首先选择能去除最低数尺寸的量块。例如，若要组成87.545mm的量块组，量块的选择方法如下：

量块组的尺寸为87.545mm选用的第一块量块尺寸为1.005mm，剩下的尺寸为86.54mm，选用的第二块量块尺寸为1.04mm剩下的尺寸为85.5mm选用的第三块量块尺寸为5.5mm，剩下的即为第四块量块尺寸80mm。

2. 量块的使用注意事项

1）工作场地要洁净，空气中应无腐蚀性气体、灰尘和潮气。在工作台上应垫上干净的布。

2）使用量块时应研合，即沿着量块测量面的长度反向，先使两量块端缘部分测量面相接触，以初步产生黏合力，然后将一个量块沿着另一个量块的测量面按平行方向推滑前进，以使两量块测量面全部研合在一起。

3）不要用手直接去拿清洗后的量块，而应用软绸衬来拿。将量块放在工作台上时，应使量块非工作面与台面接触。

(续)

序号	项目	内容	配分	评分标准	检测结果	得分
16	十字缺口槽	$4\times 8^{+0.04}_{0}$ mm	8	超差不得分		
17		$4\times 4^{0}_{-0.04}$ mm	8	超差不得分		
18	表面粗糙度	$Ra1.6\mu m$、$Ra3.2\mu m$	8	超差1处扣1分		
19	其他	$C1$倒角(6处)，$R1$mm圆角(2处)	4	超差1处扣0.5分		
	综合得分		100			

任务测评

1. 知识测评

确定本任务的关键词，按重要程度进行关键词排序并举例解读。

根据自己对重要信息捕捉、排序、表达、创新和划分权重的能力进行自评，满分为100分，见表10-24。

表10-24 检测六角套筒知识测评表

序号	关键词	举例解读	自评评分
1			
2			
3			
4			
5			
总分			

2. 能力测评

对表10-25所列作业内容进行测评，操作规范即得分，操作错误或未操作得零分。

表10-25 检测六角套筒能力测评表

序号	能力点	配分	得分
1	检测准备工作	30	
2	检测六角套筒	70	
总分		100	

3. 素养测评

对表10-26所列素养点进行测评，做到即得分，未做到得零分。

表10-26 检测六角套筒零件素养测评表

序号	素养点	配分	得分
1	设备及工、量具检查	25	
2	加工安全防护	25	
3	量具清洁校准	25	
4	工位摆放"5S"管理	25	
总分		100	

4. 拓展训练

1）请列举出在检测六角套筒过程中易出现的问题，分析产生问题的原因并制定解决方案。

2）请按下列思维导图格式，对检测六角套筒的学习收获进行总结。

学习成果

一、成果描述

根据以上所学知识技能,分析如图 10-12 所示国际象棋中"车"的数控车铣工艺,并完成零件的加工与检测。

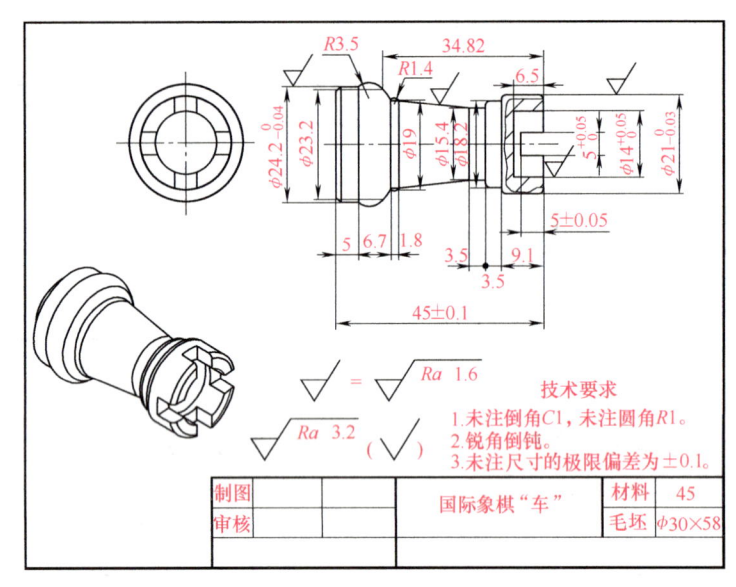

图 10-12 国际象棋"车"

二、实施准备

(一)学生准备

学生在按照教学进度计划,已经完成了以下学习任务并达到了 75 分以上后,可进行该学习成果的实施。

1) 理解并完成学习成果需要的相关知识和方法的学习,得分>75 分。
2) 运用学习成果需要的相关知识和方法进行作业,得分>75 分。
3) 按时、按质、按量完成相应作业,得分>80 分。
4) 具有自觉遵守技术标准的要求和规定、规范操作、安全、环保、"7S"作业、团结协作的好习惯,得分>80 分。
5) 能制订国际象棋中"车"的加工工艺并进行加工。

(二)教师准备

1) 在安排学生实施学习成果前,通过课堂问题研讨、作业、实训和考核及其他方式,确认学生已经具备了实施学习成果所需的知识、技能和素养,并确保学生独立进行操作。
2) 对学生自评、小组互评、教师评价进行测评方法培训,明确评价的意义和重要性,确保测评结果的准确性和公平性。
3) 准备好测评记录。

三、考核方法与标准

1) 评价监管:组长监控小组成员自评结果,教师监控小组互评结果,教师最终评价。
2) 详细记录学生在实施学习成果过程中的方法步骤、完成时间以及出现错误等情况,要求在 150min 内完成。
3) 考核内容及标准见表 10-27。

表 10-27 考核内容及标准

序号	项目	内容	配分	评分标准	检测结果	得分
1	外圆	$\phi 24.2_{-0.04}^{0}$ mm	10	超差 0.01mm 扣 1 分,扣完为止		
2		$\phi 21_{-0.03}^{0}$ mm	10			
3		$\phi 15.4$ mm	4			
4		$\phi 18.2$ mm	4			
5		$\phi 19$ mm	2			
6		$\phi 23.2$ mm	2			
7	内孔	$\phi 14_{0}^{+0.05}$ mm	9			
8		深度 6.5mm	6			
9	开口槽	$4 \times 5_{0}^{+0.05}$ mm	12			
10		$4 \times 5 \pm 0.05$ mm	10			
11	长度	45 ± 0.1 mm	10			
12		9.1mm、3.5mm、5mm、6.7mm、34.82mm	5	超差 1 处扣 1 分		
13	表面粗糙度	$Ra1.6\mu m$(4 处)	8	超差 1 处扣 2 分		
14		$Ra3.2\mu m$	4	超差 1 处扣 1 分		
15	其他	倒角 $C1$、圆角 $R1$mm 共 4 处	4	超差 1 处扣 1 分		
综合得分			100			

拓展阅读：新《职业教育法》将给职业教育带来哪些改变

解读1：新修订的《职业教育法》，首次以法律形式确定了职业教育是与普通教育具有同等重要地位的教育类型，明确了职业学校学生在升学、就业、职业发展等方面与同层次普通学校学生享有平等机会。

解读2：新修订的《职业教育法》将职校学生在升学上的平等权利从政策层面上升到了法律层面。明确规定，职业教育与普通教育相互融通，不同层次职业教育有效贯通。高等职业学校和实施职业教育的普通高等学校应当在招生计划中确定相应比例或者采取单独考试办法，专门招收职业学校毕业生。

解读3：新修订的《职业教育法》规定，各级人民政府应当创造公平就业环境。用人单位不得设置妨碍职业学校毕业生平等就业、公平竞争的报考、录用、聘用条件。机关、事业单位、国有企业在招录、招聘技术技能岗位人员时，应当明确技术技能要求，将技术技能水平作为录用、聘用的重要条件。事业单位公开招聘中有职业技能等级要求的岗位，可以适当降低学历要求。此外，还明确规定，国家采取措施，提高技术技能人才的社会地位和待遇。

解读4：新修订的《职业教育法》增加了许多推动企业深度参与职业教育的针对性规定，比如，鼓励行业组织、企业等参与职业教育专业教材开发；明确企业可以与职业学校、职业培训机构共同举办职业教育机构等多种形式进行合作，增加了企业参与办学的优惠政策，比如，提出在提升技术技能人才培养质量、促进就业中发挥重要主体作用的企业，按照规定给予奖励；对符合条件认定为产教融合型企业的，按照规定给予金融、财政、土地等支持，落实教育费附加、地方教育附加减免及其他税费优惠。

参 考 文 献

[1] 徐敏. 数控车削加工与实训一体化教程 [M]. 北京：机械工业出版社，2013.
[2] 张喜江. 多轴数控加工中心编程与加工：从入门到精通 [M]. 北京：化学工业出版社，2020.
[3] 陈为国，陈昊. 数控车床加工编程与操作图解 [M]. 北京：机械工业出版社，2017.
[4] 陈颂阳. 数控车铣复合加工 [M]. 北京：机械工业出版社，2018.